개념
여행

개념 여행

— 여행 기획자 정란수가 말하는 착한 여행, 나쁜 여행

지은이 | 정란수
펴낸이 | 김성실
기획편집 | 최인수 · 여미숙 · 이정남
책임교정 | 김태현
마케팅 | 곽홍규 · 김남숙 · 이유진
편집디자인 | 하람 커뮤니케이션(02-322-5405)
제작 | 한영문화사

초판 1쇄 | 2012년 5월 15일 펴냄

펴낸곳 | 시대의창
출판등록 | 제10-1756호(1999. 5. 11.)
주소 | 121-816 서울시 마포구 동교동 연희로 19-1 (4층)
전화 | 편집부 (02) 335-6125, 영업부 (02) 335-6121
팩스 | (02) 325-5607
이메일 | sidaebooks@hanmail.net

ISBN 978-89-5940-236-6 (93980)

개념
여행

여행 기획자 정란수가 말하는
착한 여행, 나쁜 여행

시대의창

차례

당신의 여행은 행복하십니까?

오늘도 우리는 여행을 떠난다

자유롭게 쓸 수 있는 시간과 돈이 주어진다면 가장 해보고 싶은 여가 활동으로 모두가 손꼽는 것이 바로 '여행'이다. 틀에 박힌 일상과 스트레스 쌓이는 업무에서 벗어나 새로운 세상을 구경하고 체험할 수 있다 보니 여행을 떠나면 누구에게도 간섭도 받지 않고 자유롭게 나만의 시간을 가질 수 있을 것이라 생각한다. 연간 1천 3백 만 명이 해외로, 3천 7백만 명이 국내 각지로 여행을 떠난다. 매년 전 국민의 4분의 1 정도가 해외에 나가고 국민 대부분이 한 번이라도 여행을 떠나는 셈이니 그만큼 여행은 사람들이 선호하는 여가 활동이라고 볼 수 있겠다.

여러분은 어떠한가? 어릴 적 부모님 손을 잡고 여행을 처음 경험해봤을 것이다. 학생 때에는 보이스카우트, 걸스카우트, 청소년연맹 등의 단체 활동이나 수학여행, 극기훈련 등으로 단체 여행을 경험해봤을 것이다. 아마 이때는 밤에 지도교사들이 잠든 뒤 이성과의 만남을 감행하거나 몰래 챙겨온 술을 나눠 마시는 것 등이 여행의 백미였을 것이다. 그리고 대학생이 돼서는 오리엔테이션, 모꼬지 등 '부어라 마셔라' 술판이 이어지는 단체 여행을 겪어봤을 것이다.

물론 이러한 단체 여행만 있는 건 아니다. 친구나 연인끼리 산이나 바다로 여행을 가기도 하고, 국토 종단이나 횡단 대회에 나가기도 하며, 젊었을 때 한번 해보지 언제 해보느냐며 홀로 무전여행을 떠날 수도 있다. 요즘은 해외여행을 다녀오는 사람도 적지 않다. 수도권의 일부 사립 중고등학교는 해외로 수학여행을 간다고 할 정도니 그만큼 해외여행이 대중화된 듯하다. 해외여행도 기존의 패키지 관광에서 벗어나 이제는 항공기와 숙박 시설만 예약하는 '에어텔Air-tel'이나 배낭여행 같은 자유여행도 증가하는 추세다.

여행은 우리에게 많은 것을 준다. 내가 살고 있는 지역에서 벗어나 새로운 문물을 볼 수 있게 해주고, 다양한 사람과의 교류를 통해 즐거움을 만끽하게 해준다. 홀로 일상생활에서 벗어나 쾌적함을 느끼게 해주기도 하고, 아무도 자기를 알지 못하는 곳에 가서 복잡한 생각을 정리할 수 있는 기회를 제공해주기도 한다. 이뿐인가? 무언가를 직접 만들거나 꾸미는 다양한 체험을 할 수도 있고, 여행지의 전문가에게 알찬 정보를 듣기도 한다. 짜릿한 스릴을 느끼기 위하여 암벽등반이나 번지점프, 패러글라이딩 같은 모험 스포츠를 즐기기도 한다.

지금도 많은 사람들이 외친다. 이번 주말 여행이나 갈까? 열심히 일해 번 돈으로 휴가철에 어디 좋은 데로 여행이나 갈까? 오늘도 우리는 여행을 떠난다.

불편한 진실, 여행과 만나다

그런데 왠지 불편한 사실들이 눈에 띤다. 왜 우리는 단체 여행을 가면 언제나 술독에 빠져야 하는 것일까? 여행 후 남는 것이라곤 왜 사진밖에 없는 것일까? 왜 휴가철마다 교통은 정체되고, 숙식은 바가지요금이 판치고, 여행 가서 하는 활동은 작년이나 올해나 똑같을 수밖에 없는 것일까? 모름지기 여행은 즐거워야 하는데 어떨 때는 오히려 스트레스다. 가족끼리 바닷가에 한번 놀러 가려 하는데 고속도로는 고속도로대로 막히고, 휴게소는 더럽기 이를 데 없고, 막상 밤늦게 도착하니 숙박 장소는 바가지요금이 극성이고, 가는 관광지마다 사람들로 넘쳐나는 것을 한 번쯤은 경험했을 것이다. 이러한 불편한 진실이 언제나 우리의 여행길을 가로막고 있다.

지역사회에 대해 고민하는 사람들은 관광을 떠날 때 더욱더 불편한 진실을 마주하게 된다. 관광을 하며 지역과 만나는 방식에서 불편함을 느끼게 되는 것이다.* 관광이라는 것이 아무리 일상생활에서 벗어나 자유를 찾는 것이라고는 하지만, 때로는 관광객 신분으로 관광지 주민들에게 피해를 주는 행동을 일삼기도 한다. 관광지에서 관광객을 맞이하는 사람들은 그 지역에 살고 있는 지역 주민이고 그들에게는 관광지가 곧 일상의 터전이다. 그럼에도 고성방가는 기본이고 지역 주민들의 눈살을 찌푸리게 만드는 각종 추태들을 자행하는가 하면, 심지어는 지역사회의 문화와 환경을 파괴하는 것을 서슴지 않는다. 한 예로 안동 하회마을은 자신들이 살고 있는 주거지에 자꾸 관광객들이 두리번거리고, 무단으로 들어와 장독대에 무엇이 들었나 들춰보기까지 하는 탓에 몸살을 앓고 있다. 과연 이것이 올바른 관광인가?

　해외여행은 어떠할까? 1970~1980년대 일본인들이 국내로 이른바 '기생 관광'을 오는 것에 분개한 사람들이 적지 않았다. 그런데 이제는 우리가 동남아 지역에서 성매매 관광을 자행하고 있지 않나? 해외에서 한국인들이 왔다 가면 관광시설의 집기와 비품들이 부서지기 때문에 더 이상 한국 사람을 받지 않겠다는 곳을 접할 때 우리는 얼마나 부끄러웠던가. 관광이 제아무리 일상에서 벗어나 자유를 만끽하기 위한 것이라 하더라도 책임까지 벗어던질 수는 없는 노릇이다.

* 사실 우리는 '여행'과 '관광'을 완전히 다른 개념으로 사용하지는 않는다. 다만 많은 학자들에 따르면, 여행은 관광과 달리 뚜렷한 목적이나 동기의 제한을 받지 않는 이동까지도 포함하는 개념이며, 관광은 일상생활에서 벗어나 뚜렷한 목적성을 추구하는 활동을 뜻한다.

지금까지의 관광은 허구다

관광학자인 딘 맥캐널은 관광을 '무대화된 고유성'이라고 표현한 바 있다. 관광지는 그 지역 고유의 모습을 그대로 보여주기보다는 관광객이 생각하고 있는 그럴듯한 모습을 보여주기 때문이다. 그 지역의 고유한 성격이 맞긴 하지만 그건 실제가 아니라 허구에 가까운 무대 연출이라는 것이다. 사실 이 말은 하와이의 훌라춤이 원래는 제의적 성격을 띠고 있었는데 관광객이 오면서 변질되어 보여주기 식으로 진행되는 형태를 비판하면서 나온 말이라 우리 상황에 완벽하게 적용된다고 보기는 힘들 것이다. 그러나 우리 주변에도 관광지가 관광객을 위해 각색되고 인위적으로 새롭게 만들어지는 경우가 적지 않은 것만은 사실이다.

여러분의 관광은 어떠한가? 단언컨대 여러분이 지금까지 해온 관광은 대부분 허구에 가깝다. 여러분이 보고 싶어 하던 청정자연은 사실 인공적으로 만들어지기도, 한정적으로 공개되어 각색되기도 한다. 골프장, 스키장, 워터파크 등 다양한 놀이시설은 놀고 즐길 수는 있어도 깊이 있는 사색을 허락하진 않는다. 자신이 주인공이 되어 떠나는 여행의 참된 의미 대신 그저 관객이 되어 흥미 있는 활동에 몸을 실을 뿐이다. 그렇다고 해외여행을 가면 조금 달라질까? 오히려 해외여행의 경우 그러한 제약이 더욱 심하다. 여행사에서 추천하는 여행 상품은 이미 정해진 코스에 따라 '무대화'가 되어버린 지 오래다. 아무도 가지 않는 오지를 예약하려 하면 정원이 차지 않았다며 여행사에서 여행 상품이나 항공권을 취소하기 일쑤다.

그렇다면 왜 이러한 문제가 발생하는 것인가? 실제로 여행을 떠나는 것은 자신의 자유지만 흔히 손쉽게 여행을 가는 '관광지'는 한정될 수밖에 없다. 더욱이 대규모로 개발된 지정 관광지들은 정부 정책에 의해 육성되었거나 거대 자본을 소유하고 있는 관광 기업에 의해 개발된 곳이 많다. 특히, 신자유주의 정책에 따른 각종 관광지 개발과 대량관광 형태는 지역 문화를 말살시킨다. 또한 모두에게 여행을 잘 다녀왔다는 안도감만 심어줄 뿐 실제로는 '무대화된 고유성'만 보고 오는 유사여행 활동만을 주입시킨다.

관광을 하는 사람인 관광객과 관광지를 공급하는 지역 주민 또는 관광 공급자, 그리고 그 주민이 살고 있는 관광지 및 관광시설 모두가 관광 행위와 관련돼 있다. 관광객이 돈을 지불하는 관광 활동은 상품이 아니기 때문에 내가 구매하면 끝나는 것이 아니라 지역 주민의 생활과 그 지역의 다양한 모습과 연결된다. 하지만 현재의 대량관광 형태와 대규모 관광 기업의 관광지 개발은 지역 주민에게 경제·환경·사회·문화적 피해를 가중시키고, 거대 자본을 가진 관광 기업에게만 혜택을 주는 꼴이다.

개발 정책에 동원되는 관광 논리

관광에 이토록 문제점이 많은데 도대체 전문가들은 무엇하고 있는 걸까? 전국에 관광 관련 학과가 개설된 대학은 2년제와 4년제 대학을 통틀어 120여 개가 넘는다. 그곳에는 우리 사회의 가장 뛰어난 지식인인 교수들이 있지 않은가? 또 관광만을 전문적으로 연구하는 국책연구원인 한국문화관광연구원, 우리나라를 해외에 홍보하고 관광지를 개발하는 문화체육관광부와 한국관광공사 또한 있지 않은가? 대체 이들은 무엇을 하고 있는 걸까?

놀랍게도 이들은 관광에 대한 일반인들의 불만을 과소평가하는 듯하다. 실상 관광 관련 종사자들은 문제를 해결하고자 노력할 수 있는 형편이 못된다. 관광 개발 및 관광 관련 업종에 종사하는 사람들이야 자신들의 밥줄이 달려 있기 때문에 알면서도 넘어가는 것이 현실이다. 실망스러운 것은 학계다. 관광학계는 관광 문제에 대한 비판은커녕 오히려 정부 핵심 정책인 저탄소 녹색성장과 관광을 연계하고자 하는 학술대회나 개최하고, 정부 정책에 관광학계가 어떤 역할을 할 수 있을지 고민한다. 물론, 정부 정책 수립과 건전한 국가 발전에 도움이 되는 것도 학계가 할 일이겠지만 아무런 비판 없이 정부 정책에 순응한다는 것이 문제다.

지금이라도 한번 인터넷에서 검색해보라. 이명박 정부가 내세우고 있는 각종 토건 사업과 관광·레저 사업의 연결을 찾는 것은 어려운 일이 아니다. 한반도 대운하 사업에서 물류 및 운송 부문의 사업성 논리가 약하다는 비판이 일자 슬그머니 대운하 사업을 통한 관광객 유치 효과를 내세우기도 했다. 이 논리는 현재 진행되고 있는 4대강 사업에서도 고스란히 지속된다. 4대강 개발로 외국인 관광객이 늘어나고 경제에 도움이 된다는 논리로 개발을 밀어붙이는 것이다. 이뿐인가? 새만금 간척사업의 경우에도 농지에 대한 수요가 적다는 비판이 일자 바로 새만금 국제관광단지를 만들겠다며 용지 전용에 나섰다. 관광지 개발을 위해 반드시 간척지가 조성돼야 한다는 논리가 생겨난 것이다. 정부가 저탄소 녹색성장 정책을 이야기하면서 획기적이라고 내세우는 것이 자전거 전용도로 건설이다. 그러면서 추진하고 있는 것이 전국 일주 자전거 도로인데, 사실 자전거가 자동차를 대체해 저탄소 국가로 가기 위해서는 전국 일주 자전거 도로가 아니라 시내 자전거 전용도로가 필요하다. 이와 같은 문제제기가 있자 정부는 관광객을 위한 자전거 도로라고 슬쩍 말을 바꾼다. 이렇게 관광지 개발은 귀에 걸면 귀걸이, 코에 걸면 코걸이 식으로 정부의 각종 개발 정책을 합리화해주는 역할을 해오고 있다.

그런데 관광학계나 관광 전문가 중 이러한 정책들을 비판하는 목소리는 얼마나 있을까? 거의 없다고 봐야 한다. 오히려 대운하 사업, 4대강 사업, 새만금 국제관광단지 건설 등으로 인한 관광 활성화를 기대하는 눈치다. 지역사회가 반대를 하건 말건, 환경 파괴가 이뤄지건 말건, 농촌 지역이 대규모 관광 개발로 황폐화되건 말건 간에 관광지로 만들어지고 관광객만 오면 된다고 생각하는 이들이 적지 않다.

개념 있게 여행하자

사람들은 정부에서 관광 개발을 하든 말든 내가 하는 여행과 아무 상관 없다고 생각하곤 한다. 하지만 그만큼 여행이라는 것을 진지하게 생각하지 않다 보니 정부는 반대가 예상되는 정책마다 관광지 개발과 그로 인한 관광객 유치 효과를 내세우는 경우가 많다. 대체로 사람들이 관광지는 내가 살고 있는 지역이 아니기 때문에 나와는 별 상관이 없다고 느끼거나 관광객 유치가 잘되면 그 지역이 발전할 수 있다고 낙관적으로 생각하기 때문이다. 하지만 실상은 다르다.

우리는 여행을 가면 여행지 또는 관광시설에 돈을 지불한다. 최근에는 지역사회에 지불하는 돈보다 대규모 관광 개발 시설에 직접적으로 지불하는 돈이 상당히 늘어나고 있다. 여행을 떠나기 전 도시의 대형마트에서 식재료와 여행 물품을 사고, 자동차에 주유를 하고 관광시설에 도착한다. 숙박, 식사, 각종 체험활동 등을 모두 관광기업에 지불하고 난 뒤, 돌아오는 길에 잠시 들르는 관광지 입장료로 단지 몇 천 원 지불할 뿐이다. 관광기업은 더 많은 수익을 얻어가고, 관광기업 주변의 지역사회는 오히려 교통 정체, 환경 파괴, 지역 문화 변이 등 부정적 영향만 깊어져가게 된다. 정부나 지자체는 이처럼 관광객이 관광기업으로 쏠리는 현상을 제지하기는커녕 대규모 관광 자본을 유치하기 위해 관광 개발에 앞장서고, 정부와 공공 기관이 주체가 되는 관광기업 설립을 추진하기도 한다. 지자체는 더 많은 세수 확보, 공기업 수익 증대, 민간 기업 유치를 통한 지역 이미지 개선을 지상 최대의 목표로 삼는다. 민간 기업을 유치하면 지역민의 수입이 증가하지 않겠느냐고? 대규모 관광기업 주도의 개발과 운영은 지역민에게 돌아가는 경제적 파급이 너무나 미미하다는 것이 문제다. 고 김대중 전 대통령이 '행동하지 않는 양심은 악'이라고 이야기한 것과 마찬가지로 '생각하지 않는 관광은 그 자체가 악'이다.

이제는 이러한 관광 개발과 여행에서 벗어나자. 주어진 틀에 순응하기만 하는 여행에서 벗어나자. 생각이고 뭐고 그냥 모두 벗어던지는 여행이 아니라 더 풍부하게 생각하는 여행을 하자. 여행하는 우리의 발걸음을 행복하게 하자. 이제는 우리의 여행도 새로움에 도전해야 한다. 이를 위해 개념 있게 여행하기를 제안한다. 여행을 하더라도 비판적 사고를 놓지 말고, 지역의 지속가능성을 생각하며 우리와 타인의 삶 모두를 행복하게 만드는 여행을 하자. 어려운 일이 아니다. 발걸음을 조금만 달리하면 된다. 여러분이 즐기면서 발걸음 하나만 바꿔도 세상을 바꿀 수 있을 것이다. 여행 스타일을 한번 되돌아보고, 단순히 '소비적인 관광'이 아니라 '공존하는 여행'을 찾아나가야 한다.

이러한 새로운 여행을 '개념 여행'이라 부르고자 한다. 개념 여행은 특정한 여행 형태를 의미하는 것은 아니다. 개념 여행은 공정여행일 수도 있고 착한 여행일 수도 있으며 대안관광일 수도 있다. 개념 여행은 더욱 환경 친화적이며, 지역민과 공생하고, 공정한 수익을 배분하려 하는 여러 가지 대안적 형태의 여행을 아우른다. 새로운 여행 형태보다 중요한 것은 여행에 대한 의식 전환이다. 즉, 여행에 대한 '개념'이 필요하다. 이 책에서 우리는 여행과 관광의 현실을 돌아보고 대안을 모색하며 여행에 대한 개념을 쌓아갈 것이다.

이 책은 크게 세 부분으로 구성되었다. 1부에서는 우리의 여행과 관광 현실을 다룬다. 주로 우리나라의 관광지를 둘러보며 우리가 느끼는 불편함을 살펴볼 것이다. 불편함에는 여러 종류가 있을 것이다. 여름 휴가철에 집중적으로 병드는 관광지의 모습, 어디를 가도 똑같은 관광지의 형태, 획일화되고 콘셉트 없는 축제의 난립, 관리가 미흡하고 시설이 노후해 삐거덕거리는 관광지들, 아이들을 위한 놀이기구뿐인 테마 없는 테마파크, 제대로 관리되지 않아 오히려 관광지를 찾는 데 방해가 되는 관광안내표지들, 세계는 넓은데 어딜 가도 한국 사람밖에 없는 곳만 가는 해외여행의 현실, 그리고 주5일 근무제 덕에 여가 시간은 많아졌음에도 오히려 여가 시간에 소외감을 느끼는 현실 등을 집중적으로 조명해본다.

2부에서는 이러한 불편함에서 벗어나 행복한 여행을 만들기 위한 보다 착하고 대안적인 개념 여행 형태를 다룬다. 우리들이 여행에서 더 큰 행복을 느끼기 위한 자세를 이야기하고, 자본주의의 일상에서 벗어난 생태관광, 지역사회를 살리는 농촌문화여행, 희망을 여행하는 공정여행, 남북 화해와 협력을 위한 남북관광 등 대안 여행이라고 일컬어지는 여러 개념 여행을 소개할 것이다.

3부에는 더욱 즐거운 여행을 위한 바람과 제언을 담았다. 여기에서는 각종 관광 정책의 문제점을 지적하고 대안을 제시해볼 것이다.

이 책을 읽다 보면 무심코 지나쳐온 그간의 여행에 대한 문제점과 불편한 진실을 대면하게 될 것이다. 그리고 우리의 발걸음으로 우리 자신뿐만 아니라 여행지도 행복하게 만드는 여행 방법에 눈뜨게 될 것이다.

이 책을 내기 위해 많은 분들이 도와주셨다. 먼저, 졸고를 흔쾌히 출판하기로 결정해주신 시대의창과 원고를 꼼꼼히 살펴봐주신 편집자께 감사드린다. 상업적인 원고도 아닌데다 정부 정책에 대한 비판이 많은 원고 때문에 출판사에 누를 끼친 것 같아 미안한 마음이 든다. 또 원고의 초안을 검토해준 한양대학교 정철 교수님과 한국국제협력단 최영희 사무관님께 감사드린다. 마지막으로 언제나 끊임없는 영감과 활력을 주는 나의 아내 수현, 그리고 함께 사는 가족인 강아지 공주와 에코에게 이 책을 바친다.

part OI

여행?
놀고 있네

제발 한적하게 쉬다 왔으면 좋겠어!

여름철 휴가 전쟁 ___

전쟁 같은 여름휴가

여행이란 참 설레는 단어다. 얼마 전 휴가 때 어디 갈까 고민하다가 신비한 나라인 인도에 가야겠다고 생각한 적이 있었다. 인도 여행을 마음먹었을 때, 바로 그 순간부터 일이 손에 안 잡히고 설레기 시작했다. 그때부터 인도 여행 서적을 사서 어디부터 갈까 찾아보게 되었다. 그뿐이 아니었다. 인도를 간접적으로 느껴보고자 발리우드 영화라 불리는 인도 영화를 찾아보기 시작했다. 거기에다 인도를 다룬 다큐멘터리까지 보고 인도에 대해 공부하면서 설렘을 계속 이어나갔다. 실제 인도 여행에서는 낯선 곳에서 고생이 이만저만이 아니었지만 말이다. 역시 여행의 재미는 무엇보다 준비하는 데 있는 것이 아

인도의 유명 관광지 자이푸르에 있는 바람의 궁전(하와마할) 앞.
인도 여행에서 신기하고 즐거운 경험을 많이 했지만 그만큼 고생도 많았다.
생각해보면 여행 전의 준비 과정이 더욱 큰 설렘을 선사해주었던 것 같다.

닐까?

　휴가철이나 방학을 앞두고 많은 이들이 컴퓨터 앞에 앉아 휴가 준비를 한다. 일단 어느 지역을 갈지, 아니면 어떤 체험 활동을 할지 정하는 게 우선이다. 그런 다음 그 지역에서 숙박할 장소를 정하고 예약하는 것으로 일단 여행 준비의 절반은 끝냈다고 생각한다. 가보지 않은 곳에 대한 설렘 한편으로 두려움 또한 존재하니 물론 숙소를 꼼꼼히 검토해봐야 한다. 그런데 번번이 괜찮은 숙박 시설은 예약이 다 차 있는지라 예약하는 것 자체가 하늘의 별따기다. 그렇게 호텔, 콘도, 펜션 등을 한참 뒤져 예약하고 나면 이제 다시 본격적인 여행 준비의 시작이다.

본격적인 여행 준비는 지역에 어떤 관광지나 편의시설이 있는지 찾아보는 것에서부터 시작된다. 특히 요즘에는 많은 사람들이 자신의 블로그에 여행기를 세심하게 적어놓아 큰 도움이 된다. 블로그의 여행기들을 살피며 그 지역에 맛있는 음식점은 어디에 있는지, 어느 곳에 가야 재미있는 시설이 있는지, 아이들에게 교육적인 시설은 어딘지 찾아본다. 그리고서는 각종 지도 검색 사이트를 이용해 어느 도로로 가야 빠를지, 혹은 어떤 대중교통을 이용해야 할지 검색해본다. 여행은 참으로 파악해야 할 것이 많다. 날씨에 맞는 의복, 지역의 맛있는 음식, 그리고 편안하고 아늑한 숙박 등 의식주를 모두 챙겨야 함은 물론이거니와 보고 듣고 만질 수 있는 각종 체험 시설을 살펴보기 위해 오감을 열어놓을 준비를 해야 하는 것이다.

사실 이렇게 만반의 준비를 하면서도 걱정은 따로 있다. 여행 날짜를 정하려 해도 그게 쉽지가 않다. 왜 이렇게 모든 사람이 동시에 휴가를 받게 되는지 모르겠다. 또한 휴가철의 여행에서는 고속도로가 주차장으로 변하는 것을 어느 정도 감수해야 한다. 많은 사람들이 함께 여행을 가다 보니 숙박 시설의 조기 예약은 필수다. 가격은 어떠한가? 이른바 성수기 가격은 다른 기간보다 두 배 가까이 높고, 성수기 가격이 따로 책정돼 있지 않다 하더라도 산과 바다의 민박이라든지 각종 기기 대여료는 바가지요금이 극성이다. 휴가가 집중돼 사람이 붐비는 것도 참기 어려운데 각종 요금까지 추가로 발생한다니!

관광지에 갈 때면 언제나 기다리는 교통 체증이 우리를 불편하게 만든다.
사진은 경주 밀레니엄파크 개장 첫 주말에 정체된 도로 모습.

골병드는 관광지

관광객들도 불편하고 짜증나지만, 사실 관광지 입장에서도 이렇게 휴가철에 관광객이 집중적으로 몰리는 것이 반갑지만은 않다. 다른 기간에는 텅텅 비지만 휴가철만 되면 사람들로 붐비다 보니 관리도 제대로 이뤄지지 않고, 관광객들의 불만을 하나하나 듣다 보면 다 내쫓고 싶은 심정이 들 때가 한두 번이 아니라고들 한다. 여름철에만 집중되는 해수욕장 주변의 시설들은 나머지 계절에는 손님이 없다 보니 대규모 시설 투자가 쉽지 않다. 투자 대비 수익을 창출할 수 있는 기간이 워낙 한정적이기 때문이다. 또한 여름 말고는 상대적으로 장사가 안 되다 보니 관광객이 집중되는 여름철에 수익을 많이 창출하지 못하면 한 해 동안 살아가기가 쉽지 않아 가격을 올릴 수밖에 없다는 입장이다.

관광시설에는 수용력이라는 것이 있다. 한 관광객이 어떠한 시설을 이용할 경우 활동할 수 있는 범위가 있을 것이다. 공원이나 테마파크 등 쾌적한 자연과 옥외시설이 중심이 되는 곳은 그만큼 그 범위가 클 것이다. 또 숙박 시설이나 식음 시설은 사람들이 누워 있거나 쉴 수 있는 공간, 그리고 앉아서 식사할 수 있는 공간 정도가 필요하기 때문에 상대적으로 그 범위가 작을 것이다. 바로 이러한 수용력을 바탕으로 각 관광시설을 개발하는 사람들은 관광객 수요를 예측하고 그에 걸맞은 공급 규모를 결정하게 된다.[1] 그런데 우리나라처럼 관광객이 한 계절이나 특정 날짜에 집중적으로 몰리는 구조에서는 관광시설 수용력 산출이 쉽지 않다. 여름철과 같이 관광객이 최대로 많이 오는 기간을 토대로 규모를 설정하자니 나머지 기간에는 투자 비용을 뽑아내기가 어렵다. 반대로 나머지 비수기 계절을 기준으로 하자니 여름철에 관광객이 인산인해를 이뤄 혼잡해지고 관광객들은 짜증을 낼 수가 있다.

시설 공급 측면에서만 여름철 관광객 집중이 문제 되는 것은 아니다. 한 계절에만 관광객이 몰리면 정규 직원이 관광시설을 관리하기 어렵다. 그래서 성수기에는 아르바이트생을 늘려서 인력을 채우게 되는데, 열악한 관광시설 운영 실정상 이들을 체계적으로 교육할 리 만무하다. 그러다 보니 곳곳에서 안전사고는 물론이요, 각종 시설 관리가 제대로 이뤄지지 않게 된다. 망가지고 부서지는 일이 다반사

관광시설이 제대로 관리되지 않다 보면 안전사고가 발생하거나 관광객의 발길이 점차 뜸해지기도 한다. 사진은 수자원공사가 관리하는 충주댐 물문화관 내부 전시 모습으로 전시물이 다 떨어져나갔는데도 제대로 관리가 되지 않고 있다.

다 보니 관광시설에 재투자해야 하는 악순환이 계속된다. 휴가철 붐비는 관광지에서 관광객은 관광객대로, 지역 주민이나 관광시설 운영자는 또 그 나름대로 불편하긴 마찬가지다.

무엇이 문제인가

여행을 떠날 때마다 느끼는 이러한 불편함에 대한 원인은 여러 가지가 있을 수 있다. 하지만 가장 근본적인 원인은 관광 이외의 부문에서 찾는 것이 옳다. 사실 휴가가 조금만 분산되더라도 많은 문제가 해결된다. 관광지의 각종 시설 예약도 그만큼 쉬워지고, 고속도로도 그만큼 덜 막히게 되고, 성수기 요금을 지불하지 않고 저렴한 가격으로 여행을 갈 수 있게 된다. 관광시설 운영자들 역시 관광객이 사계절 고르게 방문하면 공급 규모를 설정하기가 더욱 쉬워지고, 굳이 바가지요금 정책을 쓰지 않아도 된다. 최근 들어 휴가 분산제가 정착돼 가는 분위기임은 분명하나 아직도 많은 기업들이 여름철, 그것도 7월 말에서 8월 초에 휴가를 쓰도록 강요하고 있다.

기업들 역시 사정은 있을 것이다. 거래업체들도 7월 말에서 8월 초에 휴가를 떠나다 보니 직원들을 휴가 보내도 업무에 차질이 덜하기 때문이다. 대기업과 거래하는 업체나 하청업체의 상황은 더욱 좋지 않다. 다른 기업의 일정에 맞춰야 하는 업무 특성상 마음대로 휴가를 다녀올 수 없다. 이른바 '갑'과 '을'의 관계에서 '갑'의 명령은 곧 기업 생계에 막대한 지장을 주기 때문에 언제나 눈치를 볼 수밖에 없다. 가뜩이나 임금이나 복지 문제도 상대적으로 열악한데 휴가마저도 눈치를 봐야 하는 상황이다.

노동과 여가는 동전의 양면과 같다. 일을 위한 노동 시간과 업무를 마친 이후의 여가 시간은 서로 반대되기도 하지만 한쪽이 길어지면 한쪽이 줄어드는 긴밀한 관계이기도 하다. 노동 생산성 측면에서도 마찬가지다. 업무 시간에만 효율적으로 직무에 종사하는 것이 전부가 아니라 여가 시간에 얼마만큼 재충전하고 자신을 더 발전시키느냐에 따라 노동 자체의 질이 달라질 수 있다.[2]

아직 우리나라는 주 40시간 근무제(주5일 근무제)를 실시한 지

10년 정도밖에 지나지 않았다. 또한 많은 중소기업은 아직도 토요일에 근무하거나 격주 휴무를 실시하고 있다. 선진국에는 주 40시간 근무제가 보편화되어 있으며 프랑스 등 일부 유럽 국가에서는 주 35시간 근무제까지도 실시하고 있지만 어디까지나 남의 이야기일 뿐이다.[3] 아직도 이 나라 많은 기업가들은 우리가 너무 많이 놀고 있다며 박정희 대통령 시절의 새마을운동을 들먹인다. 전 대우그룹 김우중 회장은 "세상은 넓고 할 일은 많다"며 세계를 무대로 끊임없이 뛰며 일하라고 전파했고, 몇 년 전 세상을 떠들썩하게 했던 황우석 박사는 "월화수목금금금" 연구했다고 자랑하기도 했다. 노동 제일의 신화, 그것이 바로 대한민국의 현실이다.

고려대학교 강수돌 교수는 독일의 경제학자 홀거 하이데를 인용해 이러한 사회를 '노동중독' 사회라고 일컫고 있다. 노동중독이란 워커홀릭과는 다른 개념으로 워커홀릭은 일만을 즐기는 나머지 다른 모든 것을 잊고 일에만 몰두하는 측면을 강조하는 개념이지만, 노동중독은 삶에서 노동이 지배적인 비중을 차지하고 갈수록 더 많이 노동하고 더 높은 성과를 내야만 만족하며 그 노동을 중단할 때 견디기 힘든 불안감과 상실감을 느끼게 되는 병적 상황을 가리킨다.[4] 노동중독 사회에서는 휴가 분산이 시행되기 어렵다. 노동 자체에 중독된 상태이기 때문에 평상시 노동에서 벗어난다는 것 자체가 쉽지 않다. 자신뿐만 아니라 자신이 속한 기업에 휴식이 만연하는 모습을 견딜 수 없는 것이다.

즐거운 여행을 위한 제안

그렇다면 어떻게 하면 좋을까? 물론 본인이 기업의 CEO라면 오늘이라도 당장 직원들에게 휴가를 분산해 쓰도록 하면 된다. 하지만 실제 그러한 경우는 많지 않을 테니 다음 두 가지가 현실적인 대안일 것이다. 기업 문화와 노동 현실에 맞서 싸우거나, 그러한 형편이 못 된다면 여행에 대한 생각 자체를 변화시키는 방법이다.

먼저, 기업 문화와 노동 현실에 맞서 싸우는 방법을 보자. 무턱대고 혼자 다른 때에 휴가 가겠다고 하면 좋아할 회사가 많지 않을 것이다. 하지만 업무에 도움이 될 만한 창의적인 아이디어를 가지고 휴가에서 돌아온다거나 여행 후 노동 생산성이 좋아진다면 기업 입장에서도 이를 적극적으로 추천할 것이다. 물론 이것이 가능하려면 여행을 다녀오는 데 있어서 몇 가지 감수해야 할 것들이 있다. 우선 여행지는 놀고 마시고 즐기는 곳 외에도 창의적인 생각을 할 수 있는 조용한 여행지 또는 자신의 업무에 참조가 될 만한 사례가 있는 지역이 좋다. 그렇다고 산업 시찰을 떠나라는 게 아니다. 나이키의 상대는 다른 유명 브랜드의 신발이 아니라 닌텐도 휴대용 게임기일 수도 있다는 이야기가 있다. 닌텐도 게임기의 소비가 많아지면 그만큼 실내에서 활동하는 인구가 많아져 운동화 수요가 적어질 수 있다는 것이다.[5] 자신이 근무하는 업종이 전자제품 생산 분야라고 전자제품 매장으로 여행을 가야 하는 것이 아니라 오히려 심신 치유에 도움을 주는 허브가 가득한 대단위 허브 농장에서 허브를 더욱 돋보이게 할 수 있도록 LED 조명을 곳곳에 설치하는 방법에 대해 생각해볼 수도 있지 않을까? 자동차를 연구하고 생산하는 업무에 종사한다고 하여 굳이 자동차 선진국인 독일이나 미국, 일본 등으로 여행을 가야 하는 것이 아니라 전국 일주를 하며 자동차 시장 동향을 확인해보는 것도 도움이 되지 않겠는가? 여행 중 업무에 대해 아주 조금만 생각한다면, 휴가가 집중되는 시기에 고속도로에서 버리는 시간보다 짧은 시간을 투자하고서도 훨씬 유익한 휴가를 보낼 수 있다.

이런 휴가는 노동의 연장 같아서 오히려 삶이 피폐해진다고 생각할 수도 있다. 여행은 여행일 뿐 여행을 업무와 연결 짓고 싶지 않다면 한 가지 방법이 더 있다. 여행 중 조용한 곳에서 하루 두세 시간 정도 책을 읽을 수 있는 여유를 가지면 된다. 이른바 '셰익스피어 휴가Shakespeare Vacation'를 즐기는 것이다.[6] 영국의 빅토리아 여왕이 고위 신하들에게 3년에 한 번꼴로 한 달 남짓한 유급 독서 휴가를 주고 그 기간 동안 셰익스피어 작품 중 다섯 편을 읽고 독후감을 제출하도록 했는데 여기에서 '셰익스피어 휴가'란 말이 비롯되었다고 한다. 즉, 책과 함께하는 휴가를 의미하는 것이다. 다섯 권은 어렵다 하더라도 휴가 기간 동안 두세 권의 책을 읽는다면 거기에서 업무와 관련된 창의적 아이디어 하나쯤은 떠오르지 않겠는가?

두 번째로는 여행에 대한 생각 자체를 변화시키는 방법이 있다. 여름휴가철 관광객이 집중될 시기에 여행을 갈 수밖에 없다면 남들이 다 놀러가는 산과 바다에 가지 않는 것이다. 남들이 다 가는 호텔과 콘도, 펜션에 가지 않는 것이다. 주위를 둘러보면 훨씬 의미 있는 여행 방법이 많이 있다. 그것도 나만 즐거운 것이 아니라 남들까지

즐겁고 모두가 행복할 수 있는 여행 방법이다.

'개념 여행'은 사회를 지속시킬 수 있는, 말 그대로 지속가능한 여행이다. 지속가능한 여행이란 미래 세대의 행복과 권리를 침해하면서까지 현재 관광객의 욕구를 충족시키지 않고, 미래 세대도 현재와 같은 수준의 자연환경을 누릴 수 있도록 개발을 통제하며, 또한 문화유산들을 잘 유지·보존하여 후손들에게 물려줄 수 있는 관광 형태를 말한다.[7] 지속가능한 관광 개발은 지역사회의 '삶의 질' 향상, 방문객에게 '양질의 관광 경험' 제공, 지역사회와 방문객을 위한 '양질의 환경' 유지를 그 내용으로 한다. 생태적 지속가능성, 사회·문화적 지속가능성, 경제적 지속가능성, 이 세 가지가 지속가능한 관광 개발의 주요 원칙이다.[8]

이러한 개념 여행에는 자연이 중심이 되는 생태관광, 남북 화해에 이바지할 수 있는 남북관광, 지역사회와 공생할 수 있는 농촌문화 여행, 진정한 자유와 평등을 꿈꿀 수 있는 공정여행 등이 있다. 여러 개념 여행에 대해서는 2부에서 소개할 것이다. 그런데 이런 여행은 재미없고 불편하진 않을까? 물론 겉보기에는, 쾌락만을 추구하고 자기 자신만을 위해 편하게 휴식을 취하는 그러한 여행보다는 재미없고 불편할 수도 있다. 그렇지만 인간의 욕구 중 가장 고차원적인 욕구가 자기 계발의 욕구이듯이 개념 여행에 중독되면 더욱 새로운 재미를 즐길 수도 있고, 약간의 불편함은 기꺼이 감수할 수도 있게 된다. 개념 여행에 참여하는 우리의 발걸음, 그 발걸음이 행복해지면 우리가 꿈꾸던 관광지도 행복해진다.

1   김남조·정철·박상현·김진선, "사회적 수용력의 혼잡기대, 혼잡지각, 만족의 관계에 관한 연구", 《관광학연구》 24(1), 2000, 243~257쪽. 이 논문에 따르면, 수용력은 생태적 수용력, 물리적 수용력, 시설 수용력, 사회적 수용력 등으로 구분할 수 있는데, 이 중 본문에서 이야기하고 있는 수용력은 사회적 수용력에 가깝다. 사회적 수용력은 위락 지역 이용 수준의 증가가 이용자가 위락 경험에 심리적 악영향을 주지 않는 정도를 의미한다. 사회적 수용력에 영향을 미치는 요인으로는 혼잡지각, 영역회피, 위락활동 간의 갈등, 목적지에 대한 내면적인 평가 변화 등을 들 수 있다.

2   정란수·이훈·이인재, "여가제약모형의 비판적 재구성: 사회 구조와 행위의 통합적 접근", 《관광학연구》 31(1), 2007, 55~75쪽.

3   2003년 8월 국회 환경노동위원회와 법제사법위원회의 의결을 거쳐 기존의 근로기준법을 개정해 같은 해 9월 15일 공포하고, 2004년 7월부터 단계적으로 시행에 들어가 2011년에 20인 미만 사업장에까지 전면 시행되었다. 프랑스는 1936년, 독일은 1967년, 일본은 1987년부터 주 40시간 근무제를 실시했다.

4   정란수, "피디수첩 후폭풍과 노동중독", 《한겨레》 2005년 11월 28일 자.

5   정재윤, 《나이키의 상대는 닌텐도다》, 마젤란, 2006.

6   김경, 《셰익스피어 배케이션》, 웅진지식하우스, 2009.

7   여호근, "지속가능한 관광에 대한 참여 형태가 관광객의 태도에 미치는 영향", 《관광학연구》 33, 2001, 307~324쪽.

8   김도희, "지속가능한 관광 개발 사례연구", 《관광개발논총》 9, 1998, 244~271쪽.

왜 관광지는 다 똑같을까?
획일화된 관광지 개발 ___

관광지는 많은데 갈 데가 없어!

많은 이들이 여행을 떠나기 위해 정보를 찾을 때마다 느끼게 되는 것이 있다. 수많은 지자체 홈페이지에 있는 관광 정보의 내용이 비슷하다는 것이다. 해당 지자체에서는 산, 바다, 계곡, 온천, 지역의 문화재, 특산물 등을 다양하게 소개하고 있으나 사실 그러한 내용은 인근 지자체의 것과 다르지 않다.[1] 국내에서 가장 여행 선호도가 높은 지자체인 제주의 관광 정보 웹사이트를 살펴보자. 이 웹사이트는 볼거리, 먹거리, 즐길 거리, 잘 거리, 살 거리 등으로 분류해 관광 거리를 보여주고 있으며, 각각의 항목에서는 너무도 형식적으로 산, 바다, 계곡, 숙박 시설, 식당 등의 정보를 나열하고 있다. 마치 교과서에나

제주 관광 웹사이트. 대개 지자체가 비슷비슷한 모양새다. |

나올 법한 관광지의 역사와 유래에는 어떠한 매력도 느낄 수 없고, 그 정보만을 가지고는 도대체 다른 지자체의 산과 바다와 무슨 차이가 있는지도 모르겠다.

이뿐인가? 지역에서 열리고 있는 축제들을 보더라도 상당히 유사한 것들이 많다. 지역의 특산물을 소재로 하는 축제들은 저마다 감자, 고구마, 쌀, 보리 할 것 없이 그 지역에서 생산되는 농산물을 내세우지만 지자체마다 자기 특산물이 우수하다며 이를 홍보하고 축제화 하는 통에 비슷한 축제가 하나둘이 아니다. 그나마 축제의 소재가 다르다 하더라도 그 안을 들여다보면 각종 특산물 홍보 아가씨 선발

| 어느 축제에서나 입구에 늘어선 기념품·음식 판매상의 모습은 비슷하다.

대회나 특산물 따기 체험 프로그램이 유사하게 편성돼 있고, 축제 입구부터 각종 기념품 판매상이나 음식물 판매상이 즐비한 것이 이 축제나 저 축제나 똑같아 보이게 한다.

그러다 보니 애써 시간을 내서 이곳저곳을 보고 싶지 않게 된다. 한국관광공사에서는 대한민국 구석구석을 가보라고 캠페인을 벌이고 있지만,[2] 여기도 저기도 비슷한 테마의 관광지라면 굳이 여러 군데를 가보려 하지 않게 된다. 아직도 많은 지자체들이 각 지역의 테마를 살리지 못하고 비슷한 테마의 관광지를 만드는 데 여념이 없다.

이렇다 보니 다양한 문화와 볼거리가 있는 해외로 눈을 돌리는 여행객이 적지 않다. 가격도 비교적 저렴해지고 부정적 인식도 감소되다 보니 해외여행은 이제 일상화되었다. 이미 외국인의 방한(외래 관광객)보다 내국인의 출국(해외 여행객)이 많아진 지 오래다. 우리나라의 여행수지가 언제나 적자인 이유가 바로 여기에 있다.

여행객이 국내여행보다 해외여행을 선호하는 이유는 다양한 문화 체험에 있다. 국토가 아무리 중국이나 미국, 러시아처럼 넓지 않은 것을 감안한다 하더라도 지자체마다 별 특성 없이 획일화된 개발 형태 탓에 굳이 여러 군데 여행하지 않아도 마치 우리나라 관광지 전체를 다 알 듯한 느낌을 주는 것이다. 관광지는 많은데 정작 갈 곳은 없는 현실이 우리의 여행 주권을 박탈하고 있다.

왜 관광지는 다 똑같을까

한 사례를 살펴보자. 대한민국만의 독특한 문화가 하나 있다. 바로 공중목욕탕에서 때를 미는 문화다.[3] 또한 뜨끈한 온돌에서 몸을 지져야 피로가 풀린다고 하여 따뜻하다 못해 뜨거운 곳에 몸을 맡기는 문화도 있다. 이 두 가지 문화가 결합해 한때 전국적으로 엄청나게 증가했던 것이 바로 찜질방이다. 그런데 찜질방이 잘되는 것을 본 개발업자들은 더욱 기발한 상품을 만들어냈다. 여기에 온천과 워터파크를 결합해 사람들의 욕구를 해소하는 시설을 만들어낸 것이다. 수도권, 충청권을 중심으로 급격하게 퍼져나간 복합온천시설은 그 수를 헤아릴 수 없을 정도로 많다. 아마 한 번쯤은 아산 스파비스, 덕산 스

| 대표적 복합온천시설인 덕산 스파캐슬.

파캐슬, 속초 워터피아, 이천 테르메덴 등의 이름을 들어봤을 것이다.

복합온천시설을 예로 들었지만 다른 콘셉트의 관광지나 관광시설 역시 크게 다르지 않다. 골프장과 스키장 건설을 통한 복합레저시설 개발, 체험관광이라는 형태로 늘어나고 있는 템플스테이와 농촌지역의 체험 프로그램 역시 지자체마다 대동소이한 형태를 띠고 있다. 대체 왜 이렇게 똑같은 관광지가 개발되는 것인가?

민간 관광시설 개발업자의 경우에는 어느 정도 검증된 관광시설의 개발을 통해 여행객을 안정적으로 확보하려는 욕심이 크다. 재정 자립도가 낮은 지자체들이야 민자 유치가 중요한 과제이기 때문에

마다할 이유가 없는 것이다. 하지만 국내 여행객의 수요를 고려하지 않은 무분별한 개발은 오히려 전체 관광 시장을 황폐하게 만든다. 사람들이 온천을 아무리 좋아한다 하더라도 온천을 주목적으로 가는 관광객이 많지 않을 뿐만 아니라 사람들의 기호가 앞으로 어떻게 바뀔지는 아무도 모르는 일이다. 그런데도 대규모 시설 투자로 복합온천시설을 만들고 있는 행태는 상당히 위태로워 보인다.

그렇다면 지자체들이 추진하는 공공 관광시설은 어떠할까? 상황은 크게 다르지 않다. 지자체에서 추진하는 관광지는 지역의 특성을 바탕으로 추진돼야 그 고유한 특색을 갖출 수 있다. 그런데 문제는 1970년대 군사 정권이 추진한 지역 획일화 개발 정책이다. 농촌 개선이라는 명목의 새마을운동은 농가 주택을 획일화된 양옥으로 리모델링하도록 만들었고, 가장 효율적인 것만 남기고는 모두 도태시켰다. 문화적으로도 지역 자체의 문화보다는 중앙정부에서 강요하는 문화가 유입되며 지역이라는 특성이 고스란히 사라지게 되었다. 지역의 관광지가 문화성에 바탕을 두지 못하고, 아주 오래전부터 그 자리에 있었던 산, 바다, 강 등 자연 자원에 초점을 맞출 수밖에 없게 된 이유다. 문화의 상실은 곧 관광자원의 상실로 이어진다.

수도권 중심의 국토 개발 역시 관광지 획일화에 한몫하고 있다. 수도권 중심의 국토 개발은 지방 재정자립도를 떨어뜨리고 지역 문화 살리기에 필요한 예산 확보를 어렵게 한다. 관광지 개발이 비교적 쉬운 자연 자원 위주의 개발이나 민간 자본을 유치하여 유행을 타는 획일적 개발이 이뤄지는 것도 지역의 예산이 그만큼 한정되어

| 전형적인 농촌의 모습. 획일화된 농가 주택의 모습은 볼거리를 잃게 만든다.

있기 때문이다. 이명박 정부가 세종시 행정부처 이전 문제에 반대했던 것처럼 지역 균형 발전을 막고, 수도권 그린벨트 해제처럼 계속해서 수도권 중심의 정책을 펼친다면 이러한 문제는 더욱 심화될 수밖에 없다.

왜 축제는 다 똑같을까

획일적으로 개발된 관광지에 버금가는 것이 바로 획일화된 콘셉트의 축제다. 아니, 어쩌면 축제가 더 심하다고 볼 수 있다. 문화체육관광부는 전국에 1천여 개의 축제가 있다고 파악하고 있다. 어떤 이들은 축제가 너무 많다고 이야기한다. 심지어는 먹고살기도 힘든 판에 놀고먹는 데 예산을 써야 되겠느냐는 이야기도 들린다. 하지만 지역 축제의 문제는 그 수가 많고 적음이 아니다. 실제로 외국의 경우에도 대부분 지역 단위의 축제가 존재하며, 그 수가 우리에 비해 결코 적지 않다. 오히려 문제 삼아야 할 것은 여기나 저기나 비슷하고 획일화된 콘셉트의 축제다.⁴

지방 축제 난립을 비판하는 기사. "1176개 난립… '세계적 히트상품'이 없다",
《경향신문》 2007년 4월 26일 자 10면.

지역 축제의 문제점은 크게 세 가지로 이야기할 수 있다. 첫째, 유사 콘셉트의 축제 난립이다. 지자체들은 축제를 개최할 때 지역의 관광자원 또는 특산물을 주제로 하는 경우가 많다.[5] 지역의 관광자원은 앞서 말했듯이 자연 자원이 큰 비중을 차지하고 있다. 산, 바다, 강 등에서 열리는 축제는 그 자원 자체가 갖는 유사성 때문에 타 지자체와 비교해 독특한 프로그램을 찾기 어렵다. 특산물은 어떠한가? 채소, 과일, 곡물 등 각종 농산물의 각축장을 연상케 하는 축제의 콘셉트는 지역 농산물을 홍보하고 판매하는 데는 어느 정도 도움이 될 수 있어도 축제의 다양성과 진정성 면에서는 한계가 있다. 물론, 유사 특산물을 테마로 할 수밖에 없는 근본 원인은 독창적 지역 문화를 파괴한 군사 정권의 영향에 있다.

둘째, 관 중심의 축제 기획이다. 춘천마임페스티벌과 같은 몇몇 우수 축제들은 민간 축제기획위원회를 조직하고 지자체는 지원만 하는 등 일반인에게 다가가고자 노력하고 있으나 아직도 많은 축제들은 단순히 '관'의 홍보수단에 그치고 마는 형국이다. 이명박 대통령이 서울시장 재임 시절 하이서울 페스티벌은 언제나 시장의 개회사로 시작되었다. 시장의 참석이 늦어 하이서울 페스티벌의 개최 자체가 장시간 늦춰지는 일도 있었다. 모름지기 축제는 대중이 주체가 되어 참여해야 하는데, 관 주도의 축제 기획은 대중 참여를 이끌어내기도 어렵고 오히려 이질감과 괴리감만 느끼게 한다. 2002년 한일 월드컵 당시 열정적인 응원 문화는 정부와 지자체, 공기업이 만들어낸 것이 아니라 시민들의 자발적이고도 내재적인 역량이 만들어낸 것임

이명박 전 서울시장의 하이서울 페스티벌 개회사 모습. | 축제가 관 중심에서 벗어나지 못함을 보여주는 단적인 예다. |

을 명심해야 한다.

셋째, 축제의 프로그램 기획에 대한 접근 문제다. 대부분의 축제는 일반인을 대상으로 기획되지만, 실제로 일반인이 직접 참여하는 프로그램은 적다. 물론, 축제마다 체험 프로그램이 어느 정도 포함되어 있다고는 하나 체험 프로그램이 메인 프로그램이 되는 경우는 보령 머드축제 등 몇몇 축제를 제외하고는 거의 없다. 언제나 메인 프로그램의 주인공은 대중가수와 공연단이다. 축제에 온 사람들은 주체가 아닌 관객의 입장에서 축제에 참여하게 되는 것이다. 축제는 콘서트가 아님에도 대중가수의 공연을 봐야만 하는 현실이 축제의 획일화에 일조하고 있다.

획일화된 축제에서 벗어나기 위해서는 축제의 본질을 되새겨야 한다. 본디 '축'과 '제'가 만나 축제가 되는 것이다. 축제는 축하를 위해 흥겹게 뛰어놀고, 제의적인 의식을 통해 공동체를 결속하는 문화다. 이는 서양에서도 마찬가지인데, 축제를 뜻하는 festival과 carnival에는 각각 축하와 제의적 의미가 담겨 있다. 이렇듯 축제의 본질을 보면 함께 흥겹게 즐기고 공동체의 결속을 다지는 '우리'의 참여가 우선이다. 축제가 열리는 지역의 주민들이 우선이 돼야 비로소 축제의 진정성이 발현될 수 있다.[6]

테마파크에는 테마가 없다

문제가 비단 관광지와 축제뿐이겠는가? 멀리서 찾지 말고 일상에서 아이들이 가장 좋아하는 장소를 생각해보자. 소풍이나 근교 나들이를 갈 때 아이들이 가장 좋아하는 장소가 바로 놀이동산이라 불리는 테마파크다. 에버랜드, 롯데월드, 서울랜드 등 수도권과 대도시권을 중심으로 테마파크가 운영되고 있다. 빠른 속도로 질주하는 롤러코스터와 거침없이 하강하는 스릴 만점의 놀이기구들이 아이들에게 인기다. 그런데 뭔가 이상하다. 우리는 놀이기구가 있는 놀이동산을 테마파크라고 부르고는 있으나 사실 에버랜드, 롯데월드, 서울랜드 등이 무슨 테마를 갖추고 있는지는 쉽게 떠오르지 않는다. 꿈과 환상의 나라? 모험과 신비의 세계? 뭐, 이런 유의 얘기를 광고에서 들어본

2010년 겨울에 방문한 단양 온달관광지 모습. 평일이었다고는 하나 영화 촬영지에 아무런 행사도 없다 보니 관광객 역시 거의 찾아볼 수 없다.

기억밖에 없는 것 같다.

실제로 우리들이 접하는 테마파크는 테마파크라기보다는 어뮤즈먼트 파크amusement park에 가깝다. 테마가 놀이기구에 한정돼 있기 때문이다. 사실 테마파크라면 고유의 테마가 있어야 한다. 예컨대 역사 분야의 용인 민속촌과 신라 밀레니엄파크, 교육 분야의 영어체험마을, 안전체험 테마파크, 직업체험 테마파크, 그리고 영화 쪽에서는 남양주 종합촬영소 등이 테마파크라고 부르기에 알맞다. 하지만 국내에는 이마저도 손꼽을 정도로 적다. 더욱이 개발만 되고 제대로 관리와 운영이 이뤄지지 않아 실패한 경우가 적지 않다.

테마파크에 테마가 사라지고 놀이기구만이 남는 것은 테마파크의 다양성이 존재하기 않기 때문이다. 기존의 어뮤즈먼트 파크는 외국에서 개발된 놀이기구를 수입해놓으면 그만이었는데, 다양한 주제를 지닌 테마파크는 테마를 보여주고 체험할 수 있는 콘텐츠를 직접 만들어야 하는 번거로움이 있기 때문에 접근이 쉽지 않다. 따라서 대기업을 중심으로, 단순한 하드웨어 시설 투자만으로 쉽게 개발할 수 있고 위험 부담도 적은 어뮤즈먼트 파크에만 매달리고 있는 것이다. 테마파크는 콘텐츠와 소프트웨어 개발의 산물이다. 진정한 테마파크는 오랜 시간의 연구와 노력을 거친 창의성이 수반돼야 한다. 우리에게 진정한 테마파크가 많지 않은 것은 간편한 개발만 추진하려는 안일주의에 기인한다. 관광지나 축제 역시 마찬가지다. 미래는 창의적인 콘텐츠와 소프트웨어가 이끌어갈 것이다. 이를 모른 채 하드웨어 개발이 최우선이라 생각하고 토건에만 집착하는 이명박 정부의 관광지 개발이 안타깝다.

여행객에게 마이크로트렌드를 허하라

2008년 한국에도 마크 펜의 《마이크로트렌드》가 번역 출간되었다. 마이크로트렌드란 몇 개의 메가트렌드 안에서도 개인의 다양한 작은 트렌드, 틈새 그룹의 열성적인 취향이 비즈니스와 경제, 사회를 변화시킨다는 개념이다.[7] 사실 이 지구상의 많은 사람들, 아니 그 범위를 좁혀서 5천만 명 가까이 되는 대한민국 사람들의 선호와 취향을 어떻게 몇 가지 거대한 트렌드로 설명할 수 있겠는가? 우리 모두 각자 지향하는 바가 다르기 때문에 다른 직업에 종사하고, 다른 여가 활동을 해나가며, 다른 물건을 구입하고, 다른 연예인이나 운동선수를 좋아하고, 다른 정당을 지지하는 것이 아니겠는가?

여행도 마찬가지다. 내가 원하는 여행이 모두 남과 같을 수는 없다. 여행을 가는 목적 또한 다양해서 복잡한 생각을 정리하려고 떠나는 사람도 있고, 재미있는 시간을 보내기 위해 떠나는 사람도 있다. 또 일상생활에서 경험하지 못하는 것을 체험하기 위해 떠나는 사람도 있고, 푹 쉬다 오고 싶어 여행을 떠나는 사람도 있다. 이들은《마이크로트렌드》에서 소개된 주말부부족일 수도 있고, 재택근무족이나 DIY닥터족, 반려동물 양육족, 혹은 무시당하는 아빠들일 수도 있다. 각자 나름의 생활패턴을 가지고 있고 선호하는 활동도 각양각색이다. 다양한 제품을 구매하는 것과 마찬가지로 다양한 여행을 누릴 권리 역시 존재한다.

그동안 우리는 획일화된 문화에 길들여져 개성이라는 것을 잃고 살아왔다. 이른바 '천만 관객' 영화는 남들이 봤기 때문에 나도 봐야 한다는 현상을 보여주는 하나의 예일지도 모른다. 남들이 자녀를 학원에 보내면 내 자녀도 학원에 보내야 하는 현실, 모든 기준이 내가 아닌 남이 되어버린 지금의 문화에서는 관광지도 축제도 테마파크도 획일화에서 벗어나기 쉽지 않다. 남들이 가본 곳, 영화나 드라마에서 나온 곳이 가장 유명한 관광지가 돼버리는 현실에서 벗어나 내가 진정으로 원하는 곳이 어디인지 찾아 나서야 한다.

블로그와 미니홈피, 그리고 최근 각광받고 있는 페이스북이나 트위터 같은 소셜네트워크 서비스는 획일화된 관광지를 양산하는 정부와 지자체에 경종을 울릴 수 있는 우리의 무기다.[8] 획일화된 관광지를 자신의 블로그에서 거침없이 비판하고 개선안을 제시하라. 포스트 하나로는 힘이 없을지 몰라도 국내 여행자 3천 7백만 명의 블로그에 관광지 개선안이 개진된다면 이는 거대한 폭풍이 되어 관광지 개발자를 압박하게 될 것이다. 블로거, 세상을 바꿀 수 있으며 관광지 역시 바꿀 수 있다.

1   각 지자체의 공식 웹사이트에는 해당 지자체 관광 정보 웹사이트가 링크돼 있다. 관광자원에 대한 분류를 살펴보면 지자체마다 별 차이가 없다는 것을 알 수 있다.

2   한국관광공사는 '대한민국 구석구석' 캠페인을 2007년부터 진행하고 있다. 이 캠페인은 상당히 효과적으로 국내여행을 홍보하고 있으며, 특히 숨겨진 보석 같은 여행지를 보여준다는 점은 인정할 만하다.

3   다케쿠니 소모야스, 《한국 온천 이야기: 한일 목욕문화의 교류를 찾아서》, 논형, 2006.

4   류정아, 《축제인류학》, 살림, 2003.

5   정광모, 《또 파? 눈먼 돈, 대한민국 예산》, 시대의창, 2008.

6   이훈, "축제체험의 개념적 구성모형", 《관광학연구》 30(1), 2006, 29~46쪽.

7   마크 펜·키니 잴린슨, 《마이크로트렌드: 세상의 룰을 바꾸는 특별한 1%의 법칙》, 해냄출판사, 2008.

8   아사타니 마사키·고쿠레 마사토, 《트위터 140문자가 세상을 바꾼다》, 김영사, 2010; 로버트 스코블·셀 이스라엘, 《블로그 세상을 바꾸다》, 체온365, 2006.

여기 삐걱! 저기 삐걱!
무서워서 못 가겠네!
부실한 관광지 관리 ___

모험을 강요하는 관광지

지금이야 그렇지 않겠지만, 몇 년 전만 해도 설악산 인근의 한 리조트 회사에서 운영하는 작은 테마파크와 인천의 유명한 중소규모 테마파크에 얽힌 우스갯소리가 있었다. 국내에서 가장 무서운 놀이기구를 타기 위해서는 에버랜드도 롯데월드도 아닌 그곳에 가야 한다는 것이다. 그 이유가 기가 막힌 게, 놀이기구가 워낙 낡아서 안전벨트가 제대로 작동하는지도 의심스럽고, 롤러코스터 차량이 움직일 때마다 끼익끼익 하는 소리가 정말이지 레일에서 바로 이탈할 것만 같다는 것이다. 실제로 노후화된 놀이기구로 인한 사고는 해마다 심심찮게 발생하고 있다. 모험을 주제로 한 테마파크가 아니라 진짜로

2005년에 방문한 영월 고씨굴랜드 테마파크. 오랫동안 운영·관리가 전혀 안 되고 있다. |

모험을 해야만 하는 테마파크가 되어버린 것이다.[1]

비단 테마파크뿐만이 아니다. 국공립 관광지의 경우 관리 예산이 미비하여 제대로 유지보수가 되지 않은 경우가 많다. 그러다 보니 관광지에 안전시설이 제대로 갖춰지지 않은 경우도 많고, 각종 편의시설 또한 노후화되어 부서지거나 찌그러져 있는 경우도 허다하다. 1970~1980년대 가장 선호 받는 관광지였던 온천과 동굴 지역은 관광객의 발길이 뜸해지고, 지자체가 신규 관광지 개발에만 예산을 투입하는 등의 문제로 현재는 제대로 관리가 안 된 채 방치돼 있다.

시설 노후화만 문제가 아니다. 관광지 운영 및 관리 미흡은 시설 노후화뿐만 아니라 생태계에까지 악영향을 미친다. 한 예로 동굴 관

관광동굴
신비가 오염된다

조명비춰 생긴 이끼류
석순·종유석 등 생장을 방해
손때·먼지로 까매지고
온도상승 표면 떨어져 나가

관광동굴의 관리 소홀로 오염이 심각하다는 내용의 기사. "관광동굴, 신비가 오염된다", 《한겨레》 2000년 6월 19일 자.

광지를 살펴보자. 한때는 동굴 관광지의 인기가 높아 국내에도 많은 동굴들이 개방돼 관광객을 맞이했다. 그런데 관광객의 출입을 제대로 관리하지 못해 한계 수용력 이상의 관광객이 동굴 안으로 유입되거나 동굴 안에서 관광객을 제대로 통제하지 못해 각종 오염이 일어나는 사태가 발생했다. 종유석과 석순에는 사람들이 손으로 만져서 색깔이 노랗게 변하는 황색 오염이 나타나고, 동굴 내부에 뜨거운 조명을 비추다보니 컴컴한 동굴 생태계에서는 발견될 수 없는 이끼 등 이른바 녹색 오염 또한 발생하고 있다. 이뿐만이 아니다. 관광객들이 제대로 발을 털지 않고 입장한 탓에 동굴 외부의 토양이 들어와 생태

영월 고씨동굴 내부 사진. 조명 때문에 녹색 오염이 증가하고 있다. |

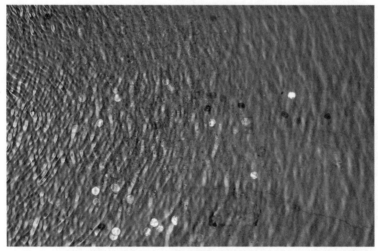

영월 고씨동굴 내부의 고여 있는 물에 관광객들이 동전을 던져 금속 오염이 유발됐다. |

계 변이가 일어나는가 하면, 동굴 내 고여 있는 물에 동전을 던지면서 금속 오염이 발생해 수생생물이 죽어나가기도 한다.

문제는 이러한 관광동굴에 대한 투자가 많지 않으며, 새로운 관광지 개발에 밀려 소홀히 여겨지고 있다는 데 있다. 그러다 보니 관광지는 점차 황폐해지고 사람들은 더욱 외면하게 된다. 사람들이 찾지 않으니 정부나 지자체에서도 시설 투자를 게을리해 관광지는 더욱 황폐해진다. 물론 관광지라는 것도 라이프사이클이 있기 마련이니 관광지가 개발돼 성숙하게 되면 언젠가 쇠퇴기를 맞게 되는 것이 순리일지도 모르겠다. 그런데 관광지의 황폐화 및 노후화는 단순히 관광지 자체만의 문제가 아니다. 이는 관광지 주변에 사는 지역민들의 삶에도 영향을 미친다. 관광지가 황폐해지면 지역민의 삶의 터전도 황폐해진다. 이뿐인가? 관광지 내 생태계에도 영향을 끼친다. 관광동굴 내에도 미생물부터 다양한 동식물까지 살고 있어 제대로 관리가 안 되면 생태계 교란이 일어나거나 멸종에 이르게 된다.[2]

누구의 책임인가

관광지의 노후화는 누구 탓일까? 여행에서 무분별하게 관광지를 훼손한 우리들 책임인가? 하지만 그렇게만 몰아가서는 근본 원인과 그에 맞는 해결책을 찾을 수 없다. 전적으로 관광객이 책임을 져야 한다면 입장료를 높여 운영비용을 충당해야 하는 것이 맞다. 그게 아니라면, 관광객이 관광시설을 잘못 이용해 관광지가 파괴된 경우 원상

복구에 대한 모든 책임을 관광객에게 물어야 할 것이다. 예컨대 관광 동굴의 생태계를 개방 이전으로 되돌리려면 그동안 동굴에 다녀간 관광객을 수소문해 필요한 비용을 물려야 할 것이다. 하지만 이러한 말도 안 되는 방법이 해결책이 될 수는 없다.

관광지 노후화의 원인은 일차적으로 관광지를 개발하고 운영하는 정부 및 지자체, 관광기업에 있다. 정부의 예산 수립 문제, 관광지 개발 방법 문제, 관광지 관리의 체계성 부재 등이 관광지 노후화의 주요인이다.

정부의 예산 수립 문제부터 살펴보자. 관광지 개발과 운영에 대한 예산 수립 시 대부분 예산이 신규 관광지 개발에 돌아간다. 관광지 운영에 필요한 비용을 전체 관광지 개발 비용의 10~20퍼센트 수준으로만 책정하다 보니 개발 이후 방치되는 관광지 문제가 계속될 수밖에 없다.[3] 정권이 바뀌면 관광지 개발 트렌드가 싹 바뀌는 것도 문제다. 그만큼 지자체가 정부의 관광지 개발 트렌드 변화에 따라 신규 관광지를 다시 개발해야 하는 부담을 갖게 되기 때문이다. 이명박 정부 들어서 가장 강력하게 시행하는 정책으로는 저탄소 녹색성장과 4대강 살리기 사업을 들 수 있다. 저탄소 녹색성장 붐을 타고 각 지자체에서는 저탄소 녹색관광이라는 콘셉트를 내세워 도보여행과 자전거여행 등 각종 녹색관광을 추진하고 있다. 또한 4대강 살리기 사업에 부응하기 위해 수중 관광 활동을 위한 시설, 수변 관광·레저시설 개발 등을 중점 추진하고 있다.

관광지 개발 방법 또한 문제가 많다. 우리나라는 지역 주민이 살

| 2012년 1월에 방문한 강정고령보. 여느 4대강 보 건설과 마찬가지로
주변 지역 생태레저공간 조성에 한창이다.

고 있는 지역을 자연스럽게 보여주려는 것보다는 관광지를 새롭게
개발하려는 경향이 강하다. 하드웨어 위주의 관광지 개발은 시간이
지날수록 관광지가 노후화될 수밖에 없다. 콘텐츠와 소프트웨어 위
주의 관광지는 다양한 프로그램을 개발해 관광지에 활력을 불어넣을
수 있지만, 하드웨어 중심의 관광지는 지속적인 리모델링 없이는 관
광지가 새로워지기 어렵다. 관광지의 하드웨어 개발은 소프트웨어
개발보다 투입되는 비용이 크다. 그래서 관광지 노후화 개선에 필요
한 관리비용을 책정하는 데 어려움을 겪는 것이다.

　관광지 관리 역시 중요한 문제점이다. 관광지는 사실 개발이 중

요한 것이 아니라 어떻게 운영되고 관리되느냐가 더욱 중요하다.' 관광지에 관광객이 어느 정도 들어올 수 있고, 또 어떠한 영향을 미치는지를 제대로 파악하지 않았기 때문에 관광지가 더 빠르게 노후화된다. 세계관광기구는 관광지의 지속가능성을 위해 대상지 보호, 스트레스, 이용 강도, 사회적 영향, 개발의 조절, 폐기물 관리, 계획 과정, 중요 생태계, 소비자 만족, 지역 주민의 만족, 지역 경제 기여 등 총 11개의 지표를 마련했다. 그러나 현재 이러한 점들을 면밀히 점검하고 관리하는 국내 관광지는 거의 없는 실정이다. 관광지의 훼손을 방지하기 위해 예약제로 관광객 수를 제한하는 곳조차 많지 않다. 그만큼 관광지 관리가 제대로 이뤄지지 않고 있는 것이다.

앞의 11개 지표는 다음과 같다. 관광지는 시설 개발로 인한 파괴나 환경오염 등으로부터 보호받을 수 있어야 한다. 사람들이 너무 많이 몰려 관광지가 과도한 스트레스를 받아서도 안 된다. 그러기 위해서는 관광지 이용 시간 제한이나 휴식기간 등을 두어야 한다. 관광객이 지역민들의 문화에 영향을 줘선 안 된다. 관광지를 개발할 때는 시간 조절을 통해 단계적으로 적정 수준에 맞춰 개발해야 하고, 관광지에서 발생하는 폐기물이 방치되지 않도록 관리가 이뤄져야 한다. 관광지 개발 및 계획에는 지역 주민이 참여하는 열린 행정과 결정이 있어야 하며, 관광지에 서식하는 중요 동식물은 보호받아야 한다. 관광지는 관광객들이 즐겁고 다양한 체험을 통해 만족감을 느낄 수 있도록 개발돼야 하고, 그러한 만족감은 지역 주민도 함께 느낄 수 있어야 한다. 또한 관광객들로 인한 수익이 반드시 지역 주민에게 돌아가 지역 경제에 이바지할 수 있어야 한다.

굉장히 상식적 수준의 이 지표들이 실제로는 잘 안 지켜지는 경우가 많다. 관광지를 개발하면서 동식물의 서식지를 파괴하는가 하면, 지역 주민들의 의견 수렴 없이 지자체장이나 관광기업이 주도적으로 개발해 지역민이 삶의 터전을 잃어버리게도 되고, 심지어 지역 문화재가 파괴되기도 한다. 지역 주민에게 돌아가는 것은 폐기물과 각종 소음으로 인한 스트레스뿐이며, 관광객들 주머니에서 나온 각종 수익은 고스란히 관광기업들 차지가 되는 경우가 다반사다.

노후화된 관광지를 피하는 방법

그렇다면 노후화된 관광지를 어떻게 피해야 할까? 완전히 새로 만든 관광지만 찾아다녀야 할까? 아니면 엄청난 투자가 이뤄진 대규모 관광시설만 찾아야 할까? 당연히 새로 지은 관광지나 엄청난 투자가 이뤄진 대규모 관광시설은 노후화되지 않았을 확률이 높다. 그런데 언제까지나 새것일 수만은 없다. 관리와 지원 없이는 언젠가 노후화될 수밖에 없는 것이 관광지다.

그렇다면 어디가 관리와 지원이 이뤄지는 관광지일까? 관리와 지원에는 반드시 주체가 필요하다. 관리하고 지원할 수 있는 사람이 있어야 한다는 것이다. 따라서 노후화된 관광지를 피하려면 사람이 있는 곳으로 향해야 한다. 사람이 없는 관광지가 어디 있겠느냐마는 여기서 '사람이 있는 곳'이란 하드웨어 위주의 대규모 시설 개발이 이뤄진 관광지가 아닌, 지역 주민이 생활하고 그 안에서 관광 프로그램이 진행되는 관광지를 의미한다.

또한 대규모로 개발된 관광지가 아니라 지역 문화에 기반을 둔 '살아 숨 쉬는 관광지'를 찾으면 된다. 아침에 개장해 저녁에 폐장하는, 그냥 오늘도 내일도 1년 후에도 똑같은 것만 보여주는 관광지는 살아 숨 쉬는 곳이 아니다. 살아 숨 쉬는 관광지는 지역의 유행을 받아들여 관광지의 문화자원으로 가꾸어나간다. 트렌드trend가 전통tradition이 될 수 있어야 그 관광지는 다양한 형태로 언제나 새로움을 줄 수 있고 노후화되지 않을 수 있다.

에콰도르의 갈라파고스에서 한국국제협력단KOICA의 해외봉사단원으로 2년을 보낸 최영희 박사는 생태관광의 핵심은 지역 주민과의 결합이라 여겨 1년여 현지 관광 실태 조사와 주민과의 대화, 주정부와의 협의를 통해 2008년 8월 카사호텔 프로젝트 안을 마련했다. 한국국제협력단은 자재를 지원하고, 주민들은 노동력을 공급하고, 갈라파고스 주정부는 세제 혜택을 부여하고 행정 업무를 맡아 20년간 3자가 공동으로 펜션을 운영하는 프로젝트를 진행한 것이다. 한국국제협력단 본부에서 2만 8천 달러 규모의 예산 지원을 승인한 건 지난 2009년 1월. 그때부터 6개월 동안 산타크루스의 해변 마을, 앞으로는 바다가 뒤로는 산이 보이는 산타로사 지역에 통나무집 펜션 형태의 카사호텔 다섯 채를 지었다. 호텔 로고 디자인, 찻잔, 타월, 가구 등 모든 걸 지역 주민들과 에콰도르에 있는 한국국제협력단 봉사단원들이 하나하나 협조해 만들어갔다. 지역 주민들은 관광 안내,

2003년 하이서울페스티벌에 참여하기 위해 서울시청 앞 광장에 모인 사람들.
2002년 한일 월드컵 때의 자발적 응원 문화를 계승해 보여주고 있다.

방문객 접대, 호텔 운영 등을 맡아 스스로 주인이 됐다. 2009년 7월
24일 개장한 이 호텔은 갈라파고스 생태관광의 시범 호텔이자 "한국
국제협력단과 지역 주민이 사업 기획과 집행, 사후 관리까지 협력"한
성공 모델이 됐다. 이렇듯 지역과 함께하는 관광지와 관광시설이라
면 언제나 살아 숨 쉴 수 있는 곳이 된다.[5]

살아 숨 쉬는 관광지
사람과 지역이 숨 쉬는 지역으로 여행을 가자. 사람과 지역이 숨 쉬

김해 봉하마을의 고 노무현 대통령 추모관. 추모관에는 대통령에 대한 추모글 등을
쪽지에 적어 붙이는 공간이 있다.

는 지역은 테마파크나 새롭게 개발된 관광지라기보다는 지역 주민이
언제나 거주하는 지역이다. 지역 주민의 여가 생활 공간이 관광객에
게는 관광지가 될 수 있는 공간이 되어야 한다. 그러한 곳을 찾아 떠
나자..지역 주민이 여가 생활을 즐기는 곳이라면 노후화되고 안전하
지 못한 지역이 아니다. 그러한 곳이라면 위험한 모험을 감수하지 않
아도 될 것이다.

농촌 여행지의 농사를 짓고 농작물을 가공하고 농산물을 판매하
는 공간, 산사 체험 템플스테이의 요사채, 산사 마당과 참선 공간, 지
역의 문화를 보기 위한 지역 문화회관과 여가 공간, 많은 사람이 모

일 수 있는 광장 등이 바로 그러한 공간이다. 서울과 같은 대도시에도 이러한 공간은 존재한다. 언제나 사람들이 함께할 수 있는 공간, 2002년 한일 월드컵 당시 자발적 응원 문화가 숨 쉬었던 서울시청 앞 광장이 바로 이러한 공간이다.[6] 자발적인 문화와 열린 사상이 살아 숨 쉬는 공간이 바로 새로움을 창출할 수 있는 공간이다. 그렇기 때문에 집회를 방지하기 위해 꽃과 장식으로 온통 무장한 광화문 광장, 보수단체의 집회만 허용하는 닫힌 서울시청 앞 잔디광장, 상인들의 이주 약속을 거스르는 청계천 복원 지역은 숨 쉬는 관광지라고 생각하기 어렵다.

관광지에 생명을 불어넣는 일은 지역 주민뿐 아니라 관광객도 할 수 있다. 관광객이 관광지에 작은 메모를 남기고 올 수 있다든지, 아니면 관광객이 직접 관광지의 일부를 꾸밀 수 있다든지 하는 형태의 참여 공간이 있다면, 관광지는 관광객의 방문으로 살아 숨 쉴 수 있다. 남산 N서울타워에 연인들이 채워놓은 자물쇠들, 봉하마을 방문객들의 추모글이 담긴 노란 쪽지와 바람개비들, 마이산 관광객들이 소원을 빌며 하나씩 올려놓은 작은 돌들이 생명 있는 관광지를 만들어낸다.

관광지 개발자와 운영자들은 제발 관광지를 인위적인 죽은 공간으로만 보지 말았으면 좋겠다. 도시만이 사람들이 거주하고 활동하는 공간이 아니다. 관광지 역시 사람들을 위해 만들어졌고 그들로 인해 더욱 풍성해져야 한다. 언제나 관광객들이 관광지에 족적을 남길수 있도록 배려해줘야 하며, 관광객들의 손으로 보다 발전된 관광지가 완성될 수 있도록 해야 한다. 그럴 때만이 관광객의 방문 때문에 노후화되는 관광지가 아닌, 관광객이 방문하면 할수록 보다 다양한 이야깃거리를 만들어나가는 훌륭한 관광지가 될 수 있다.

1   노후화된 테마파크에서만이 아니라 국내 유명 테마파크에서도 부실한 관리와 운영으로 인한 사고가 심심찮게 발생하고 있다. 특히 2006년 롯데월드에서는 롤러코스터 아틀란티스가 지상 12미터까지 치솟았다가 급강하하던 중 승객 한 명이 추락해 숨지기도 했다. 또한 이를 사과하는 차원에서 롯데월드를 무료로 개방했다가 10만 명이 넘는 인파가 한꺼번에 몰리면서 사람들이 깔리고 질식하는 사고가 발생하기도 했다.

2   최영희·이원철·이훈, "동굴 관광지에 대한 지역 주민의 태도 및 영향 요인: 지역애착과 태도이론을 중심으로", 《호텔경영학연구》 14(1), 2005, 193~215쪽.

3   문화체육관광부, 《2008 관광동향에 관한 연차보고서》, 한국문화관광연구원, 2009.

4   김병삼, "관광지 개발 및 관리에 제품수명주기 모델의 적용", 《관광연구논총》 12, 2000, 47~66쪽.

5   "갈라파고스에서 진정한 생태관광 일궈", 《한겨레》 2010년 1월 11일 자.

6   송호근, 《다시 광장에서》, 나남, 2006.

도대체 어디로 가라는 거야?

허술한 관광안내정보 ___

허술한 관광안내

승용차를 살 때 대부분 구입하는 품목이 있다. 바로 내비게이션이다. 목적지까지 친절하게 길을 안내해주는 것은 물론이고, 실시간 교통 상황, 인근 주유소 가격 등 다양한 교통 관련 정보 안내뿐만 아니라 DMB를 통한 TV 시청까지 가능하기 때문에 사용자가 증가하고 있다. 내비게이션 덕분에 아무리 길치라도 목적지를 쉽게 찾아갈 수 있게 되었다.

여행갈 때 또한 예외가 아니다. 여행갈 때도 목적지만 설정해놓으면 대부분 큰 문제 없이 도착할 수 있기에 안심이다. 내비게이션이 없던 시절에는 지방에 위치한 소규모 관광지나 숙박 시설을 찾아갈 때 관광안내지도와 관광안내표지에 의존해 힘들게 찾아가야 했다. 산속에서 펜션 같은 숙박 시설을 찾느라 꼬불꼬불한 길을 한참 왔다 갔다하거나 지역 주민들에게 물어물어 겨우 찾아가기도 했다. 내비게이션은 주소나 명칭만 입력하면 길 잃을 걱정이 없으니 낯선 여행길에 불안한 마음이 들지 않게 해주는 친절한 친구 역할을 해준다. 졸음운전 하지 않도록 자꾸 말도 걸어주지 않는가.

하지만 모두가 내비게이션과 함께 여행을 떠나는 것은 아니다. 아직도 내비게이션 없는 승용차로 여행을 떠나는 사람도 많고, 대중교통을 이용해 여행지에 가기도 하며, 지방의 관광지를 찾는 외국인들도 있다. 게다가 내비게이션이 있다 하더라도 관광지 근처에 가서는 각종 안내표지를 보며 세부 목적지를 찾아가야 할 때가 있기 때문에 내비게이션만으로 관광안내가 모두 해결되는 것은 아니다.

관광안내정보란 관광안내체계를 이루는 한 분야로서 관광안내지도, 관광안내홍보물, 관광안내표지, 관광전자정보 및 관광안내소, 관광안내원 등 관광객이 여행을 할 때 얻을 수 있는 모든 정보를 의미한다.[1] 여행을 하기 전과 여행을 하는 동안 우리는 관광안내정보를 지속적으로 접하면서 보다 편리하게 여행할 수 있게 된다. 지역의 관광안내지도와 홍보물을 보고 주변 지역의 볼거리와 먹거리, 즐길 거리를 발견하고, 관광안내표지를 보고 원하는 곳을 찾아간다. 내비게이션 같은 전자 시스템이 갖춰져 있지 않은 상황에서는 지도와 홍보물, 관광안내표지 등이 관광지를 찾아가는 가장 중요한 수단이 된다.

그런데 관광안내정보가 잘 갖춰져 있지 않은 경우가 많다. 관광

안내표지들이 민간에서 무단 설치한 표지들과 무질서하게 뒤섞여 있다.[2]

공공 기관에서 너무 많은 표지를 설치해 오히려 혼란을 초래하고 있다.[3]

영문 표기가 잘못돼 외국인들에게 혼란을 주는 경우가 많다. 이 표지판에서는 해저터널의 영문
표기가 잘못돼 있고, 중학교의 영문 표기에서는 대소문자가 잘못되었다.[4]

안내표지가 민간에서 무단으로 설치해놓은 표지들과 함께 있거나 공
공 기관에서도 관광안내표지를 너무 많이 설치하다 보니 무질서하게
늘어져 있기 일쑤다. 그런가 하면 영문 표기를 잘못했거나 공공 안내
그림기호라 할 수 있는 픽토그램을 마음대로 쓰는 경우도 많다. 표준
화되지 않은 관광안내가 오히려 더욱 혼란을 야기하고 있는 것이다.

여행객의 길잡이 역할을 해주는 관광안내소는 또 어떠한가? 관
광안내소의 문제점은 크게 두 가지로 나뉘는데, 서울의 경우 관광안
내소가 너무 많다는 점, 그리고 지방의 경우 관광안내소가 있어야 할
곳에 없다는 점이다. 관광안내소가 너무 많은 게 무슨 문제냐 하겠지
만, 실제로 도심권에 소규모 관광안내소가 상당히 많이 분포하고 있

명동에 위치한 관광안내소. 규모가 협소해 관광객과 자원봉사자 모두 불편함을 겪고 있고
남대문시장 내 혼잡한 곳에 있어 찾기도 쉽지 않다.

음에도 오히려 종합관광안내소 성격의 안내소가 없다는 데 기능의
취약성이 존재한다. 특히 관광안내소는 많은데 관리와 지원은 소홀
하다는 것도 문제점으로 지적할 수 있다. 지방의 경우에는 재정적 이
유로 관광안내소가 지방의 중심에 위치해 있지 않아 찾기 어렵다는
것이 문제다. 관광지를 찾기 위해 관광객들이 관광안내소의 도움을
받는 것인데, 정작 관광안내소를 찾는 것조차 쉽지 않다.

뉴질랜드의 선진 관광안내체계

관광안내체계가 잘 갖춰져 있기로 유명한 곳이 바로 뉴질랜드다. 뉴

| 관광안내정보의 통합 브랜드인 i-site.

질랜드에는 i-site라는 관광안내체계 브랜드가 있는데, 뉴질랜드 관
광안내 웹사이트, 뉴질랜드 공식 관광안내소, 공식 관광안내 홍보물
및 지도에 적용되는 브랜드가 바로 이 i-site다. 뉴질랜드 관광청인
TNZ와 그 자회사 VIN(Visitor Information Network Incorporated)은
1990년도부터 VIN이 운영하던 관광안내소를 업그레이드해 2002년
9월 i-site를 선보였다. 지역관광청인 RTO(Regional Tourism
Organisations)는 i-site 브랜드가 원활하게 운영될 수 있도록 재정 지
원을 담당하는 역할을 수행하는데, 상당수가 지역 의회의 재정 지원
을 받아 i-site를 운영하고 지역 관광을 홍보하고 있다.

i-site는 뉴질랜드의 공식적인 국가 브랜드 관광안내소다. 우리로 치면 한국관광공사와 한국관광협회가 출자한 독자적 회사에서 관리 및 평가를 담당하고, 각 지자체 또는 개인이 이 회사의 관리 감독을 받으며 지자체의 재원 보조와 자체 수익으로 운영하는 관광안내소라 할 수 있겠다. 현재 뉴질랜드에는 전국적으로 86개의 i-site가 운영되고 있으며 두 곳을 제외하고는 모두 지자체에서 운영을 맡고 있다.

　우리의 경우 전국에 4백여 개의 관광안내소가 운영되고 있음에도 불구하고 관광안내정보가 부족하고 이용이 불편하다는 외국인들의 불만이 끊이지 않고 있다. 실제로 경복궁에서 인사동, 청계천, 명동을 거쳐 숭례문까지 가는 길에만 관광안내소가 일곱 곳이나 있을 정도로 수적으로는 관광안내소가 넘쳐난다. 그렇다면 대체 무엇이 문제일까?

　먼저 i-site는 어떤지 살펴보자. 우리의 관광안내소와 가장 큰 차이는 도심에 자리 잡고 있다는 점이다. 이는 대도시나 지역 중소도시나 마찬가지다. i-site 건물은 그 도시에서 가장 접근성이 좋은 위치에 있으며, 그러한 이유로 i-site는 시외버스 터미널과 만남의 장소 역할을 병행한다. 또한 i-site는 간이 안내소 수준의 작은 건물 하나만 달랑 있는 것이 아니라 휴게 시설, 기념품 판매, 환전 및 교통 기능을 함께 수행해 i-site 자체가 출발지 겸 목적지 역할을 톡톡히 하고 있다.

　이처럼 관광객들이 당연히 거쳐야 할 곳으로 인식되다 보니 자연스레 방문객이 증가하고, i-site의 영향력이 지역사회에서 클 수밖에 없다. 따라서 관광지 홍보물을 비치하는 데 수수료를 내고, i-site

뉴질랜드 로토루아 중심에 위치한 로토루아 관광안내소. 대규모 종합 관광시설인 관광안내소는
그 자체로 지역의 랜드마크 역할을 수행하고 있다.

를 통해 예약을 받는 데도 수수료를 내야 함에도 불구하고 각 관광시
설들은 i-site에 홍보와 예약을 요청하고 있다. 이를 통해 i-site는 자
체 수익을 창출하고 있으며, 드물기는 하지만 뉴질랜드의 유명 관광
지인 크라이스트처치나 로토루아의 i-site는 흑자를 내기도 한다.

뉴질랜드에서 배우자[5]

뉴질랜드 i-site를 본보기 삼아 국내 관광안내소의 브랜드화 가능성
을 모색해보자. 우선, 뉴질랜드의 통합 브랜드 관광안내소 운영은
TNZ와 그 자회사 VIN이라는 하나의 기관에서 브랜드를 마케팅하고

관리하기 때문에 가능하다. 특히 VIN에서 퀄마크Qualmark 평가를 실시하고 있다는 점은 뉴질랜드 전체의 관광 마케팅 역량을 VIN으로 집중시킬 수 있는 요인이 되기도 했다. 우리나라에서는 TNZ 역할을 하는 한국관광공사가 관광안내소 네트워킹을 종합 관리·운영하는 자회사를 설립하거나 유사한 기구를 설립할 필요가 있다.

또 다른 중요 사항은 인증제의 통합과 관리다. 현재 문화체육관광부, 한국관광공사, 한국여행업협회 등 각 기관에서 실시하는 인증제는 시행 주체가 다르다 보니 관리 측면에서 어려움이 있다. 또한 인증제가 단순히 인증에서만 끝나고 홍보나 브랜드화로 이어지지 못하는 것도 사실이다. 국내 관광안내소 브랜드화를 위해서는 이를 관리·운영하는 회사나 기구에서 인증제의 평가 및 관리도 함께 맡아 관광 브랜드를 관리할 수 있는 권한을 가져야 할 것이다. 예컨대 중저가 숙박 시설 인증제를 한국관광공사에서 관광안내소 브랜드 관리 회사 또는 기구에 이관하고, 인증을 받은 중저가 숙박 시설의 예약은 각 안내소에서 처리하는 방식도 필요하겠다.

마지막으로, 관광안내소 설치와 운영에 대한 매뉴얼을 개발해야 한다. 국내에서는 안내소의 설치, 운영, 관리, 재정 등에 대한 체계적인 가이드라인 및 매뉴얼 개발이 진행되지 않다가 2008년에서야 관광안내소 가이드라인이 제시된 바 있다.[6] 하지만 이러한 매뉴얼과 가이드라인은 전담 기구의 고민을 거치지 않은 개략적인 수준에 불과하다. 먼저 관광안내소 브랜드 기구를 수립한 후 역량을 집중시키고, 그 다음으로 체계적인 가이드라인과 매뉴얼을 개발하는 것이 옳은

순서다.

관광안내소 설치에서 그 숫자보다 중요한 것이 제대로 된 종합 안내소의 존재다. 크라이스트처치, 로토루아, 오클랜드의 i-site 모두 교통과 숙박의 요지인 도심 한가운데 위치해 있어 관광객의 접근성이 뛰어나다는 것이 큰 장점이다. 특히 로토루아 i-site의 경우 i-site 앞에서 시외버스 등 주요 대중교통이 출발·도착해 일종의 터미널 역할도 한다. 관광안내소가 가장 집객력이 높고, 유동인구가 많은 곳에 위치해 있다는 점은 주요한 시사점이다.

관광안내소의 자체 수익 모델 활성화도 필요하다. i-site 대부분은 홍보에 대한 대가로 회원사로부터 수수료를 받고 있으며, 건물 내 기념품점, 식당, 환전소 등으로부터 상당한 임대료를 받고 있다. 특히 크라이스트처치나 로토루아 등 성공적인 i-site들은 지자체의 재정 지원을 거의 받지 않고도 운영된다. 관광안내소의 자체 수익 모델이 개발되고 활성화되어야 전문적인 안내원을 양성할 수 있고 체계적인 운영 시스템도 확립할 수 있다.

관광안내소가 종합 방문객 센터 형태를 추구하고 있다는 점도 주목할 부분이다. 대부분의 도심 i-site는 건물 안에 관광 관련 업소들을 입점시키고, 관광객에게 예약 서비스, 샤워 시설 등의 편의를 제공한다. 이와 같은 일괄 서비스는 종합 관광안내소가 관광의 출발지 겸 목적지가 될 수 있는 주요인이다.

뉴질랜드 관광안내소는 체계적인 직원 훈련, 정규직과 파트타임 직원에게 비슷한 수준의 임금 지급, 회원사 시설 무료 이용 등의 복

뉴질랜드의 관광안내소인 i-site에서는 환전도 할 수 있다. |

기념품 판매점 등을 통해 i-site는 자체 수익을 창출한다. |

| i-site 내 뉴질랜드 지역 안내 및 여행 상품 판매 장소.

| i-site 앞에서 출발하는 시외버스. 관광안내소 자체가 출발지 겸 목적지 역할을 한다.

지 혜택을 통해 근무 의욕을 독려하고 있다. 또한 신규 안내원 채용 시에는 선임 안내원의 멘토링 시스템을 통해 서비스 수준을 항상 동일하게 유지할 수 있도록 하고 있다. 국내에서도 관광안내소에서 체계적인 교육 과정을 제공해 안내 인력의 전문화를 꾀하고, 장기적으로는 관광안내소 자체 수익을 창출해 안내원의 처우를 개선하는 방안을 세워야 할 것이다.

관광안내원들의 전문성을 고려해 현재의 자원봉사 중심의 안내원 운용 형태도 재고해봐야 할 것이다. i-site의 경우 전문성을 확보하기 위해 여타 산업의 평균 급여보다도 급여를 높게 책정하는 정책을 펴고 있다. 사람을 대면하며 서비스를 제공해야 하는 감정노동의 역할과 어려움을 인식하고 있기 때문이다. 이러한 정책은 관광안내소에서 근무하는 사람들의 창의성을 북돋고 그들의 권익을 증진하고자 하는 사회적 합의에서 출발한다. 휴일의 중요성을 인식하지 못하고 '월화수목금금금'을 외치는 노동중독 사회인 우리나라도 창의성이 강조되는, 인간 중심의 노동이 인정될 때 관광안내원과 관광안내소, 관광안내체계 자체가 한층 성숙해질 수 있을 것이다.

1   허갑중, "관광안내정보 표준화 기본방안", 한국문화관광정책연구원, 2005. 이 글에
    따르면 관광안내체계는 관광안내원, 관광안내소, 관광안내정보로 구분하고, 관광
    안내정보는 다시 관광안내표지, 관광안내지도, 관광안내 홍보물, 관광전자정보로
    구분한다. 단, 문화체육관광부나 한국관광공사에서는 관광안내체계와 관광안내정
    보를 별도로 구분하지 않고 모두 관광안내체계라고 부른다.

2   영월군, 《영월군 관광안내체계 표지판 개선방안》, 한국관광정보센터, 2004.

3   영월군, 앞의 책.

4   통영시, 《통영시 관광안내정보체계 개선사업》, 한국관광정보센터, 2005.

5   본 제언은 다음의 논문을 수정·보완했다. 정란수·최인호·송영민, "뉴질랜드 i-site
    사례를 통한 관광안내소 브랜드화", 《호텔관광연구》 제9권, 2007.

6   한국관광공사, 《관광안내소 표준화 방안 개발》, 한국관광정보센터, 2008.

세계는 넓은데 왜 가는 데는 똑같지?

해외여행과 여행사의 불편한 진실 ___

세계는 넓다

해외여행객 연간 1천만 명 시대를 넘어선 지 벌써 몇 해가 지났다.[1] 2010년 통계청 인구주택총조사에 따르면 우리나라 인구가 4천 8백만 정도니 다섯 명당 한 명은 매년 한 번 정도 해외여행을 다녀오는 셈이다.[2] 1988년 해외여행 자유화 이후 불과 20여 년 만에 해외여행은 이토록 보편화되었다. 해외여행의 목적 또한 다양하다. 신혼여행, 배낭여행, 비즈니스 여행, 어학연수 등 여러 가지 이유로 외국을 방문하고 있다. 이유야 어찌 됐든 간에 새로운 경관을 볼 수 있고 다양한 문화를 체험할 수 있는 해외여행은 많은 사람들이 선호하는 여가 활동 중 하나로 자리 잡았다.[3]

해외여행은 평소 접하기 힘든 외국의 문화를 경험하는 기회가 된다. 사진은 2011년 지중해 크루즈 정찬 파티에서 필자와 아내가 함께 춤추는 모습인데, 국내에서 이런 기회가 얼마나 있겠는가?

    최근에는 해외 관광지를 다루는 TV 프로그램과 책자들도 늘어나고 인터넷 이용도 활발해지면서 해외여행에 대한 정보가 많아지고 있다. 외국 웹사이트는 물론 국내에도 해외의 여러 여행지를 소개하는 웹사이트가 상당히 많이 개설돼 있으며, 최근에는 많은 국가에서 한국어로 자국 관광 홍보 웹사이트를 개설하고 있다. 이뿐인가? IT 강국답게 많은 관광객들이 여행을 다녀온 후 본인의 블로그에 후기를 게재하여 간접적인 정보를 얻는 데 도움을 주기도 한다. TV 프로그램 역시 지상파 다큐멘터리에서 여행 전문 케이블채널의 각종 프로그램들까지 그 수를 헤아릴 수 없을 정도로 많다. 그야말로 여행 정보의 홍수 속에 살고 있는 것이다.

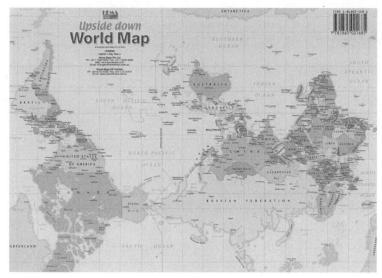

뉴질랜드에서 구입한 위아래가 뒤바뀐 세계지도(사진 출처: HEMA). |

세계는 넓고 내 발걸음이 닿을 곳은 많다. 지도를 펼쳐 보면 정말 많은 나라가 있다. 각 대륙의 유명 여행지는 물론이고 오지 체험을 할 수 있는 여행지까지 시간과 비용에 여유만 있다면 가보고 싶은 곳이 상당히 많다. 지도를 보고 있노라면 다음에 가고 싶은 해외 여행지 생각에 설렌다. 한 1년 정도 여행만 다니면 좋겠다 싶은 마음이 절로 들 만큼 여행 욕구를 자극하는 것이 바로 지도가 아닐까?

몇 해 전 뉴질랜드에 갔을 때 지도가 마음에 들어 하나 사왔는데, 위아래가 뒤바뀌어 있는 세계지도였다.' 단지 우리가 흔히 보는 세계지도를 거꾸로 놓은 것에 불과하다고 생각할지도 모르겠다. 하지만 이 지도를 보고 있으면 우리가 그동안 알고 있던 세계에 대한 고정관

넘을 탈피할 수 있게 된다. 물론, 북극과 남극의 위치가 바뀌긴 하겠지만 북극이 언제나 위고, 남극이 언제나 아래라는 관점은 없지 않겠는가. 어쩌면 자기 나라가 세상의 중심이라는 남반구 국가의 속내를 반영한 지도일지도 모르겠으나 해외여행객이 자기중심적인 생각을 벗어나 지역 문화를 이해하는 데 도움이 되는 지도이기도 하다.

어찌 됐든 해외여행의 설렘을 느끼기엔 세계지도를 보는 것만한 게 없는 듯하다. 거기에다가 요즘에는 구글 어스Google Earth나 스마트폰의 지도 어플리케이션을 통해 여행지를 위성사진으로 볼 수 있어서 가상의 여행지를 느끼기에 더욱 좋다.

| 구글 어스에서 찾아본 프랑스 파리 에펠탑(사진 출처: Google Earth).

무책임한 여행사

해외여행을 가는 방법은 보통 두 가지다. 해외여행에 익숙지 않거나 외국어에 자신이 없는 사람들은 여행 가이드를 동반해 단체로 움직이는 패키지여행을 선호한다. 하지만 해외여행에 익숙하고 외국인과 어느 정도 의사소통을 할 수 있다면 우르르 몰려다니는 단체여행 대신 스스로 여행지를 정하는 방법을 선호한다.[5] 이 경우 완전한 자유여행을 하거나 아니면 여행사를 통해 숙박과 항공편만 예약하는 에어텔(항공권&호텔 패키지의 준말)을 이용하게 된다. 사실 해외여행에 능통한 사람이 아니고서야 어떠한 쪽으로든 여행사를 통해 예약할 수밖에 없다. 그만큼 여행사는 우리의 해외여행에서 중요한 창구 역

의사소통의 한계나 교통 및 숙박 시설 예약 등을 쉽게 해결할 수 있다는 장점 때문에 아직도 많은 사람들이 패키지여행으로 해외여행을 다녀온다.

할을 담당한다.

그런데 가끔은 여행사가 이해할 수 없는 행동을 하는 경우가 있다. 결혼을 앞두고 몇 달 전부터 신혼여행을 예약하려는 친구가 있었다. 저렴하고 믿을 만한 여행사를 소개해 달라기에 후배가 근무하는 여행사를 소개해줬다. 이 친구는 결혼을 위해 만반의 준비를 하고 결혼식 날만을 손꼽아 기다리고 있었다. 그런데 결혼식 열흘 전 갑자기 여행사에서 전화가 왔다. 신혼여행지로 예약한 항공편이 취소되었다는 것이다. 항공사에서 연락을 받아 여행사에서도 어쩔 수 없단다. 여행사 측은 여행지를 다른 쪽으로 바꾸든지 아니면 환불을 해주겠다는 입장이었다. 신혼여행 열흘 전에 일어난 황당한 사건이라 좀 더 구체적으로 알아보기 위해 항공사에 연락을 해보니 항공편이 취소된 것이 아니라 여행사에서 여행 상품 자체를 취소시킨 것으로 드러났다. 친구가 예약한 신혼여행 날짜에 예약률이 높지 않자 적자를 볼 것을 우려한 여행사가 소비자에게 거짓말을 하고 타 여행지를 권유한 것이다.

이와 반대되는 사정으로 해외여행에 못 가게 된 사례도 있다. 여름휴가 때 해외여행을 가고 싶어 하던 한 지인이 여행사를 찾아갔는데 여행사에서는 현재 모든 여행 상품에 대한 예약이 찼으니 대기명단에 올리겠다고 했다. 얼마 후 예약 취소자가 생겨 여행을 갈 수 있게 됐다는 여행사 직원의 말에 한참 해외여행 갈 채비를 했는데, 출국 닷새 전 갑자기 여행 상품에 문제가 생겨 갈 수 없게 됐다는 통보를 받았다. 그런데 그 또한 사실이 아니었다. 여행사의 실수로 대기

명단이 삭제되어 다른 대기자가 선순위로 올라가게 된 것이었다.

사실 이러한 사례는 주변에서 어렵지 않게 발견할 수 있다. 여행사들의 일처리 방식이 주먹구구식인데다 툭하면 자신의 책임을 회피하려 들기 때문이다. 해외여행을 갈 때도 내 마음대로 여행지를 고를 수 없다는 말이 나오는 건 이러한 이유에서다. 해외여행이라는 흔치 않은 기회를 여행사 때문에 날리게 된다면 그 실망감을 어디서 보상받을 수 있겠는가? 그럼에도 여행사들의 이해할 수 없는 행태는 개선될 기미가 보이지 않는다.[6]

여행사들은 왜 그렇게 우리의 해외여행을 불편하게 만드는 걸까? 바로 여행사의 수익 때문이다. 국내 여행사들은 메이저급 몇 곳을 제외하고는 상당히 영세하다. 여행사들은 숙박과 식음 시설, 관광지 입장료, 관광가이드 및 투어컨덕터T/C 등에게 주는 기본비용을 제외한 수수료에 수익을 의존한다. 이 중 관광가이드와 투어컨덕터에게 지불하는 비용은 한 명이 여행을 떠나든 여러 명이 여행을 떠나든 단체당 비용이 같다. 그렇기 때문에 한두 명만이 여행을 가면 여행사로서는 수익이 나지 않을 뿐만 아니라 심한 경우 적자를 보고 여행을 보내야 한다. 그래서 어느 정도 여행자 수가 확보되지 않으면 여행사에서는 해당 여행 상품을 판매하지 않으려 한다.[7]

반대의 경우도 있다. 여행 상품은 그 특성상 한번 판매하면 소멸하는 특성을 지닌다. 이는 항공 상품도 마찬가지다. 1월 1일에 출발하는 여행 상품은 1월 2일에 재판매할 수 없다. 그런데 여행 상품을 모두 판매했다 하더라도 출발 하루 이틀 전에 여행 상품 구매자가 취소하게 되면 그 상품은 그냥 판매하지 못하게 되는 경우가 많다. 그래서 여행 상품을 판매하는 여행사들은 100퍼센트 예약을 받는 것을 넘어서 초과로 대기 수요까지 확보한다.[8] 그러다 보니 대기자들은 기존 예약자들이 예약을 취소하면 여행을 떠날 수 있지만, 그렇지 않으면 여행을 떠나지 못하게 된다. 그런데 여행은 단순히 물건을 구매하는 것과는 달라서 여행을 가기 전에 여러 일정도 조정해야 하고 준비해야 할 것도 많다. 따라서 이러한 복불복식 여행 가부 결정은 문제가 있다.

이러한 문제가 개선되지 않는다면 여행사에 대한 사람들의 불신은 계속될 것이다. 그래서 요즘은 젊은 층을 중심으로 여행사를 통하지 않고 항공, 호텔 등을 본인이 직접 예약하려는 움직임이 늘어나고 있다. 사실 여행사는 단순히 교통이나 숙박 예약을 대행해주는 곳이 아니다. 가장 만족도 높은 여행 상품을 개발하고, 여행객이 다양한 체험을 할 수 있도록 도와주는 여행 컨설턴트가 돼야 한다. 그럼에도 여행사는 전문성을 높이기보다는 수익 내기에만 급급하여 고객과의 약속을 무책임하게 저버리고 있는 것이다.

 # 세계는 넓다니깐!
세계는 참 넓다. 그럼에도 각 여행사에서 추천하는 여행 상품을 보면 다들 비슷비슷하다. 관광지는 거의 같고, 숙박·식음 시설의 등급에만 차이가 있을 뿐이다. 여행 상품들이 죄다 거기서 거기인 곳만을 대

상으로 하다 보니 세계는 넓은데 가는 데는 다 똑같을 수밖에 없다.

그렇다면 여행객들이 바꿔보면 어떨까? 여행 상품에만 의존하지 말고 자신이 직접 여행지를 기획해보자. 서점에 가면 여행 안내서가 상당히 많다.[9] 또한, 여행 관련 웹사이트와 여행 후기가 실린 블로그들도 여행지를 결정하는 데 상당한 도움을 준다. 여행 상품 속 세계만이 전부가 아니다. 오히려 여행 상품으로 획일화된 곳 이외의 지역이 보다 지역 문화를 생동감 있게 느낄 수 있는 곳이다. 더욱이 인터넷으로 각종 숙박 시설이나 항공편도 예약 가능하니 크게 어려울 것도 없다.

물론, 해외여행을 떠나는 나라의 언어를 어느 정도 익혀야 한다. 회화에 능통한 수준이 아니어도 사실 여행하는 데는 큰 지장이 없다. 사실 손짓 발짓으로도 어느 정도 의사소통은 가능하다.[10] 자신이 없다면 여행 안내서에 실려 있는 여행 중 필요한 현지어 표현을 참고하는 것도 나쁘지 않다. 치안이 좋지 않은 경우 여행자 보험을 들어놓는 것은 필수다. 이렇게 스스로 준비하다 보면 어느 정도 긴장감과 스릴도 느끼면서 점차 진정한 여행의 맛을 알게 된다. 가능하다면 자신이 짠 여행 일정을 여행사 일정표처럼 꾸며보자. 시간, 장소, 활동 등을 표로 정리해놓으면 상당히 그럴싸한 여행 일정표가 완성된다. 그런 다음 여행 일정표를 자신의 블로그에 올려보자. 이처럼 개개인이 다양한 여행 상품과 활동을 전파하면 여행사들도 살짝 긴장하지 않을까?

분명 모든 여행사가 수익에만 몰두하는 것은 아니다. 좋은 숙소와 다양한 체험활동, 그리고 이러한 것들을 정직하게 밝히기 위해 옵션 상품을 두지 않는 여행 상품을 개발해 승부하는 여행사도 있다. 옵션 상품이란 기본 여행 상품에 포함되지 않은, 말 그대로 선택 가능한 상품이다. 문제는 다양한 옵션 상품이 있는 것이 아니라서 옵션 상품을 구매하지 않으면 몇 시간을 그냥 멍하니 보내야 하는 문제가 생긴다는 점이다. 그렇다 보니 말만 옵션 상품이지 실제로는 반드시 구매해야 하는 필수 상품이 되는 것이다. 만일 이러한 옵션 상품을 따로 두지 않고 모든 것을 기본 여행 상품에 포함시키면 여행 상품 가격이 오르게 된다.[11] 하지만 많은 사람들이 여행 상품에서 가장 중요하게 생각하는 부분이 바로 가격이다. 정직하기 때문에 오히려 가격이 높아져 소비자들에게 외면당하기 십상이다.

이렇게 여행사들이 꼼수를 부리는 데에는 소비자의 책임도 있다. 여행 상품을 구매할 때 꼼꼼하게 살펴보지 않고 가격만으로 비교하다 보니 여행사들이 상품 구성을 정직하게 하지 않고 부가적인 수익을 내기 위해 편법을 쓰는 것이다. 정직한 여행 상품을 구매하기 원한다면 선량한 여행사들이 불이익을 받지 않도록 보다 냉정하게 여행 상품을 비교해봐야 한다. 여행사를 선택할 때는 가격만을 최우선으로 따지기보다는 안전하고 편안한 여행을 위해 애쓰는지, 정직하고 성실하게 일을 처리하는지 살펴봐야 한다. 그러한 소비자의 노력이 계속된다면 여행사들도 각성하게 될 것이고, 세계가 넓은 만큼 갈 곳도 더욱 많아질 것이다.

1 한국관광공사 통계에 따르면, 해외여행객 수가 2005년 1천만 명을 돌파한 이후 2006년 1161만 명, 2007년 1332만 명, 2008년 1200만 명 수준을 기록하고 있다. 2008년 미국발 금융위기가 초래한 경제한파로 다소 주춤했지만 매년 1천만 명 이상이 꾸준히 해외로 나가고 있다.

2 통계청, 2010 인구주택총조사 잠정 집계 결과.

3 문화관광부, 《2006 여가백서》, 2006.

4 HEMA Maps, "World Upside Down Map," 2006.

5 김재기, 《여행의 숲을 여행하다: 인문학의 눈으로 바라본 여행의 모든 것》, 향연, 2010. 이 책은 단체여행과 개별여행 중 무엇이 진정한 여행인지 흥미롭게 이야기하고 있다. 인문학의 눈으로 본 여행의 모습을 읽기 편하게 잘 서술한 여행 분야 추천 도서다.

6 "관광한국, 여행사가 먹칠", 《국민일보》 2001년 3월 15일 자.

7 최금진, "한국 여행업의 구조분석과 경쟁전략", 《관광연구논총》 11, 1999, 123~151쪽.

8 여행 상품의 특성에는 무형성, 제공되는 서비스 내용의 다양성, 재고가 없는 소멸성, 계절성, 효용 면에서 개인차가 크다는 특성, 상품 모방의 용이성, 복수의 동시 소비 불가능성 등이 있다. 이 중 재고가 없는 소멸성이라는 특성 때문에 여행사들은 보다 많은 예약자를 확보하고자 노력한다.

9 특히 《론리플래닛Lonely Planet》 같은 여행 안내서들은 개별관광을 하는 데 큰 도움이 된다.

10 그렇다고 보디랭귀지에만 의존하면 곤란하다. 이로 인해 해외에서 한국인들이 오해받는 일이 적지 않기 때문이다. 김재기, 앞의 책 참조.

11 "해외 패키지여행의 진실, 곰 농장 방문 이유는?", 《뉴스엔》 2010년 12월 9일 자.

주5일 근무제?
내가 쉬는 게 쉬는 게 아니야!

노동중독 사회와 여가 소외 ___

주5일 근무제와 여가

직장인들은 여가 시간에 무엇을 할까? 이 질문에 대한 답을 찾으려 대학원에 입학해 관련 주제로 논문을 쓰기 시작했다. 그런데 논문을 쓰면서 직장인들을 인터뷰하다 보니 여가 생활을 이야기한다는 것이 외람될 정도로 퇴근 후 회식과 야근, 거기다 휴일 근무까지 제대로 된 여가를 즐기지 못하는 사람들이 더 많다는 것을 알게 되었다. 멀리서 찾을 필요도 없이 바로 나 자신이 대학원 들어가기 전까지 직장생활을 하면서 일주일에 4일 이상 야근을 했고, 주말에는 회사에 안 나간 날을 세는 것이 더 빠를 정도였기 때문에 직장인들의 사정에 공감이 갈 수밖에 없었다. 그래서 논문 주제를 바꿨다. 직장인들은 여가 시간에 무엇을 할까가 아니라 직장인들이 여가를 즐길 수 없게 하는 제약사항이 무엇인가로 말이다. 그러는 와중에 주5일 근무제가 점진적으로 시행되었다. 이제 표면적으로나마 여가 시간이 증대되는 법적·제도적 여건이 마련된 것이다.

금융권에서 주5일 근무제를 우선 시행한 것이 2002년 7월이니 주5일 근무 시대가 시작된 지도 어느덧 10년이 됐다. 2011년에는 20인 이하 중소기업에까지 주5일 근무제가 적용되면서 비로소 주5일 근무제가 전면적으로 시행되게 되었다. 주5일 근무제는 단순히 토요일에 출근 안 하는 게 아니라 금요일 저녁 이후 19시간 정도의 여가 시간이 추가로 주어진다는 데 의의가 있기 때문에 개인의 생활에 많은 변화를 몰고 올 것이라고 예견되었다. 주5일 근무제가 시간이라는 여가의 구조적 제약을 완화시켜줌으로써 사람들이 각자 선호하는 여가 활동에 참여하게 될 것이라는 데는 이견이 없었다. 그렇다면 주5일 근무제가 도입된 지 10년이 지난 지금, 우리들의 여가는 어떠한가?

주5일 근무제와 여가의 관계를 분석한 학술 논문, 관련 보고서들을 살펴보면, 주5일 근무제로 개인의 여가 시간은 증가했으며 다른 요일은 이전과 차이가 없으나 토요일 여가 시간에는 차이가 있다는 것이 증명되었다.[1] 그런데 문제는 여가의 양적 증대는 이뤄졌으나 여가의 질적 수준의 변화로 이어지지는 않았다는 데 있다. 아직까지 TV 시청, 휴식, 친구·동료와의 음주 등등 소극적인 여가 활동이 교외에 나간다거나 자기 계발을 위해 취미·창작 생활을 하는 등의 적극적인 여가 활동으로 변화되지는 않고 있다. 유물변증법의 표현을

빌리자면, 양질 전화의 수준에 아직 다다르지 않았다고나 할까?[2]

　더욱 심각한 것은 IMF 경제위기 이후 여가 생활에 지출된 소비와 개인의 여가 만족 수준을 비교해보았는데, 여가 생활에 사용된 소비는 점차 증가하였음에도 여가 만족 수준은 오히려 감소하는 경향을 보였다는 점이다.[3] 이는 개인이 여가 생활을 위해 입장료나 외식비를 지불하고 물품을 구매해도 본인의 만족스러운 여가 생활에는 영향을 주지 못한다는 것이다. 이른바 여가 소외 현상이 발생하고 있는 것이다.

겉도는 여가 정책

문화관광부(현 문화체육관광부)는 지난 2003년 민관 합동으로 주5일 근무제 대비 전담팀을 운영했다. 여기에서 나온 논의의 결과물을 구체화하기 위해 2012년 현재까지 여러 프로젝트들이 진행되고 있으며, 2006년부터는 문화정책국에서 여가문화 활성화 대책 연구를 위해 고유의 정책 추진 예산을 지속적으로 책정하고 있다. 그런데 문제는, 개인은 여가 활동을 위해 임금도 고려해야 하고 회사 문화나 여건도 고려해야 하는데 정부의 여가 정책이 문화체육관광부 주도로 시행되다 보니 이러한 사회 구조 및 체계와 괴리된 정책들을 쏟아내고 있다는 점이다. 특히, 여가 정책을 위해 범조직적으로 노력해야 함에도 불구하고 몇몇 사업은 말만 여가 정책이지 기존 조직 업무의 연장선에 불과한 것들도 있다. 이렇다 보니 도대체 기존에 진행하던 사업과 무엇이 다른 건지 모르겠다는 생각이 들 때가 많다. 한 예로, 한국문화관광정책연구원(현 한국문화관광연구원)이 내놓은 '여가 정보 체계 구축 기본방안'은 기존의 문화, 관광, 스포츠 정보를 통합하는 내용을 담고 있지만, 사실 이러한 사업은 문화정보화 추진 기본계획에 따라 이미 일정 부분 시행되고 있었다. 만일 문화체육관광부, 노동부, 지식경제부 등이 범조직적으로 여가국 또는 TF팀을 만들어 운영했더라면 이렇게 중복되는 사업을 수행했을까?

직장인들에게는 주5일 근무제 시행보다 IMF 경제위기, 2008년 미국발 금융위기 이후 늘어난 구조조정과 비정규직 증가, 고용불안 등이 더욱 피부에 와 닿는 문제다. 게다가 여전히 상사보다 일찍 퇴근하면 '회사 그만두고 싶냐'는 농담 아닌 농담이 존재하는 노동중독 사회에서 여가 프로그램을 개편하고 여가 공간만 마련하는 여가 정책이 과연 실효성이 있을지 의구심이 든다. 이런 사회구조적 제약이 실재함에도 불구하고 정부가 이를 외면한 채 그저 물질적인 제약만 해결하려 든다면 주5일 근무제가 전면 시행되어도 크게 변하는 것은 없을 것이다.

《자본》을 쓴 경제학자이자 철학자인 마르크스는 진정한 인류 역사의 발전은 '필연의 영역'인 노동 사회로부터 '자유의 영역'으로 나아가는 것이며, 그래야만 자체 목적으로서 의의를 갖는 인간의 힘이 발현될 것이라 이야기했다. 여기서 자유의 영역은 노동을 줄이고 보다 창의적인 활동을 하는 사회라고 해석할 수 있겠다. 자유의 영역으로 이행하기 위해서는 주5일 근무제 같은 법정 노동시간 단축도 중요하지만, 여가 소외가 일어나지 않도록 사회구조에 대한 정책적 접근이 선행돼야 하지 않을까? 문화체육관광부뿐 아니라 다른 관련 부처에서도 여가 활동 향상을 위해 함께 노력해야 보다 근본적인 치유책을 내놓을 수 있지 않을까? 개인의 '휴테크'를 강조하고 노는 것도 경쟁력이라고 말하는 건 좋지만, 우리 현실에서 그건 어디까지나 양극화의 한쪽 극에 해당하는 사람들만을 위한 처방이 아닐까?

노동시간 단축은 노동계의 끊임없는 요구와 투쟁의 결과다. 하지만 지금까지의 주5일 근무제 시행 결과를 봤을 때 여가 시간의 증대가 개인에게 행복감을 주지 못하고 있다는 사실은 시사하는 바가 크다. 정부와 각 정당은 문화체육관광부의 현 여가 정책을 다시 검토하고, 근본적인 문제에 대한 해결 방안을 지금부터라도 진지하게 고민했으면 한다. 물론 그 답을 찾기는 정말 어려울 것이다. 하지만 문제에 대해 고민하고 대안을 모색하기 시작한다는 것 자체에 큰 의의가 있지 않겠는가?

무엇이 여가를 제약하는가

그렇다면 개인의 여가를 제약하는 요인은 무엇일까? 북미권 여가 연구는 1950~1960년대에는 주로 사회경제적 상태에 초점을 두고 야외 레크리에이션 및 여가 활동 참여를 실증적·정량적으로 연구했으며, 1970년대에는 사회심리학의 영향을 많이 받았다. 1980년대 이후에는 여가에 대한 주관적이고 경험적인 정의가 중요해지고 여가 활동의 가치와 의미가 강조되었는데[4] 이러한 변화 속에서 왜 여가 활동을 하게 되는지(동기 요인), 여가 활동에 만족하는지(만족 요인) 등이 주 논의 대상이 되었다. 국내에서도 북미 여가학 연구 경향과 유사하게 초기에는 사회경제적 상태 및 계급 간 여가 활동에 대한 연구가 주류를 이루다가 1980년대 이후 여가 제약leisure constraints과 여가 편익leisure benefit 등의 심리적 측면에 대한 연구가 활발히 진행되었다.[5] 왜 여가 활동이 행해지지 못하는지를 논하는 여가 제약 모형도 이러한 경향하에 발전된, 개인의 심리 상태를 강조한 모형이라 할 수 있다. 북미 연구자들은 내재적 제약 요인intrapersonal constraints, 대인적 제약 요인interpersonal constraints, 구조적 제약 요인structural constraints 세 측면의 위계적 모형으로 여가 제약의 이론적 모형을 제시하는데, 이들 세 요인은 단계적으로 연결돼 있어서 앞 단계가 극복돼야 그 다음 단계로 나아갈 수 있다고 주장한다.[6] 내재적 제약 요인은 흥미, 자기자각, 불안 등 개인적인 심리 상태나 특성을 포함하며, 대인적 제약 요인은 여가 활동을 위한 적절한 동반자와 같은 인적 관계나 교류를 의미한다. 마지막으로 구조적 제약 요인은 여가 활동을 하고자 하는 의도와 대인 관계가 형성된 이후 실제 활동 참여 가능성을 결정짓는 재정 상황, 시간, 정보 등의 차원에 관련된다. 결국 여가 활동에 대한 참여 의지가 없거나 여가 활동을 같이 행할 사람이 없거나 혹은 여가 활동을 할 수 있는 여건이 안 된다는 것이 이론적 차원에서 여가를 제약하는 요인들이라는 말이다.

그렇다면 실생활에서는 어떠할까? 기존의 여가 제약 모형을 따

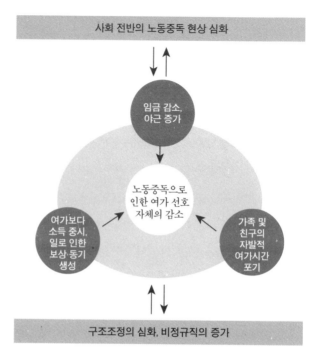

사회 전반의 노동중독 현상 심화

임금 감소,
야근 증가

노동중독으로
인한 여가 선호
자체의 감소

여가보다
소득 중시,
일로 인한
보상 동기
생성

가족 및
친구의
자발적
여가시간
포기

구조조정의 심화, 비정규직의 증가

IMF 상황처럼 개인의 여가 제약에는 사회적 원인이 크다. 본 모형은 IMF 상황에서
여가 제약이 발생하는 사회구조와 행위의 관계를 설명한 모형이다.[7]

르면 단순히 개인의 관점에서 내재적·대인적·구조적 제약을 볼 수
밖에 없는데, 이는 우리 사회의 여가 제약 형태를 분석하기에 적합하
지 않다. 실제로 여러 연구 결과에 따르면 시간이 없어서, 돈이 부족
해서, 시설이 불편할 것 같아서, 가족과 친구의 시간이 부족해서 등
이 여가 제약 요인으로 나타났다. 이 같은 우리 사회의 여가 제약 현
실을 파악하기 위해서는 개인의 주관적·심리적 측면뿐 아니라 사회

구조까지, 즉 미시적 측면과 거시적 측면을 함께 고려해봐야 한다.

IMF 이후 한국 사회의 여가 제약을 살펴보자. 시간이 없는 이유나 돈이 부족한 이유를 우선적으로 살펴봐야 하는데, IMF 이후 상황을 볼 때 구조조정의 심화 및 비정규직 증가로 인한 한국 사회의 총체적 변화가 이러한 제약을 가져왔다고 보는 것이 타당할 것이다. 구조조정의 심화 및 비정규직 증가가 사회적 토대의 변화로 인한 것이라면, 가족과 친구의 시간 부족은 상부구조의 변화다. 사회적으로 여가를 용납하지 않는 노동중독 사회가 되었기 때문이다.

능동적인 여가 생활

노동중독과 여가 소외를 극복하기 위해서는 쉽지 않은 노력이 요구된다. 개인적 차원에서 실천할 수 있는 가장 좋은 방법은 여가 활동의 변화다. TV 시청, 낮잠, 단순 휴식 등 주로 소극적인 여가 활동을 하던 사람들에게는 보다 능동적인 여가 활동인 스포츠나 자기 계발이 가능한 양질의 여가 활동으로의 전환을 추천한다. 시작하기가 어려워서 그렇지, 심신을 보다 활발하게 하는 여가 활동을 하면 노동중독에서 벗어나 건전한 노동을 즐기는 데 도움을 줄 수 있고, 여가 소외 현상에서 벗어날 수 있다.

여행은 가장 적극적이고 활동적인 여가 활동 중 하나다.[8] 여행은 동적인 움직임부터 사색의 즐거움까지 누릴 수 있으니 노동중독과 여가 소외감에서 벗어날 수 있는 가장 좋은 치료제 역할을 수행한다.

주5일 근무제 시행으로 금요일 저녁부터 일요일까지 2박 3일간의 여유가 생긴 것도 여행을 즐기는 데 큰 도움을 준다. 노동으로 인한 스트레스를 풀기 위해 음주와 흡연에 들이는 비용을 조금만 절약하자. 물론 앞서 살펴본 것처럼 여가를 제약하는 외부 요인이 많을지라도 내가 나의 주인이 되어 여행을 떠나 외부 요인을 극복해보는 것은 어떨까? 내가 주인이 되는 여행, 그것이 바로 노동중독 사회에서 실천해야 할 진정한 여가 활동이다.

1 이훈·정철·정란수, "인터넷 조사를 활용한 주5일 근무제가 직장인 여가에 미치는 영향", 《관광학연구》, 2002.

2 아이히 호른, 《변증법적 유물론》, 동녘, 1990.

3 정란수·정철·황희정, "IMF 이후 한국 사회의 레저 소비와 레저 만족 분석: 노동패널조사KLIP 분석을 중심으로", 《관광과 엔터테인먼트 연구》 2, 2004, 121~137쪽.

4 E. L. Jackson & D. Scott, "Constraints to Leisure," in E. L. Jackson & T. L. Burton (Eds), *Leisure studies: Prospect for the twenty-first century*, Stage College, PA: Venture Pulishing, Inc., 1999.

5 이철원, 《여가의 재해석》, 대한미디어, 2001.

6 D. W. Crawford, E. L. Jackson & G. Godbey, "A hierachical model of leisure constraints," *Leisure Sciences* 13, 1991, 309~320.

7 정란수, "여가 제약 모형의 비판적 재구성: 사회구조와 행위의 통합적 모형", 한양대학교 일반대학원 관광학과 석사학위청구논문, 2005.

8 정란수·정철·황희정, 앞의 논문.

part
O2

**다른 여행은
가능하다**

새로운 사회를 향해 여행을 떠나자

비판과 창조를 통한 개념 여행

1부에서 우리는 우리가 가장 선호하는 여가 활동인 여행의 불편한 진실들을 몇 가지 살펴보았다. 제발 한가하고 조용하게 쉬었다 왔으면 좋겠다고 생각하며 여행을 떠나지만 실제 여행은 정반대인 경우가 많다. 다양한 체험을 할 수 있는 관광지를 가고 싶지만 어디를 가도 비슷비슷한 관광지처럼 느껴질 뿐이다. 또 편안하고 안전하게 관광지를 둘러보고 싶지만 노후화된 관광지 때문에 불안하기만 하다. 관광지까지 가는 길은 또 어떤가? 정신없는 관광안내표지 때문에 여행객들은 혼란을 겪는다. 세계는 넓은데 여행사의 횡포로 갈 수 있는 곳은 늘 한정돼 있다. 또한 주5일 근무제 덕에 여행갈 수 있는 시간은 많아졌을지 몰라도 오히려 여가 소외감을 느끼게 되기도 한다.

이러한 현실을 극복하기 위해서는 여행에 있어서도 정당한 비판과 창의적인 생각을 놓지 않는 것이 필요하다. 정당한 비판은 여행의 문제점이 무엇인지를 깨닫기 위해 필요하며, 창의적인 생각은 여행의 주체가 되기 위해 필요한 무기다. 정당한 비판을 통해 여행을 떠나는 우리의 발걸음이 우리 관광지와 우리가 살고 있는 사회에 어떠한 문제를 초래할지 파악해보자. 주위를 둘러보면 우리가 그동안 해왔던 여행에 어떤 문제가 있었는지 쉽게 파악할 수 있을 것이다. 예컨대 정동진, 경포대 등의 해수욕장은 휘황찬란한 위락시설과 관광객이 버리고 간 쓰레기로 넘쳐난다. 각종 편의시설은 관광객의 무분별한 이용으로 파괴되고, 지역 주민은 밀려 넘치는 관광객 때문에 생활을 방해받고 있다.

창의적인 생각은 정당한 비판보다 더욱 중요하다. 새로운 여행을 위해 창의적인 생각을 하게 되면, 여행을 하는 자신뿐만 아니라 관광지와 그 지역의 주민, 그리고 전체 사회가 보다 행복해질 수 있다. 그것이 바로 희망적인 여행 활동이다. 창의적인 생각은 여행 패턴을 바꿀 수 있다. 대량 관광 형태의 불합리하고 부당한 점을 인식하게 되어 여행으로 인한 폐해를 줄일 수 있는 대안적 여행을 찾아 떠나게 된다. 생태관광, 남북관광, 농촌여행, 공정여행 등이 바로 그러한 착하고 대안적인 여행, 즉 '개념 여행'이다. 소규모로 여행을 떠나고, 여행 안에서 많은 것들을 깨닫게 되고, 또 관광객과 지역 주민이 함께 어울릴 수 있는 여행이 바로 개념 여행이다. 비판적이면서도 창의적인 여행, 착하면서도 대안적인 개념 여행을 통해 희망을 발견해보자.

희망의 여행, 개념 여행

희망적인 여행을 위한 개인적인 실천에는 어떤 것들이 있을까? 그간 관광지에 가서 관광기업이나 대기업에만 비용을 지불하는, 쾌락적인 형태의 여행에 익숙했다면 앞으로는 조금만 불편해져보자. 물론, 관광기업이나 대기업이 운영하는 숙박 시설이나 관광편의시설은 쾌적하고 편리하다. 하지만 대부분의 수익이 오롯이 기업으로 귀속되며 지역사회에는 그 몫이 돌아가지 않는다. 이러한 형태의 관광 수익 구조에서는 지역 주민의 삶이 피폐해져 결국 지역을 떠나게 된다. 그렇게 되면 그 지역의 부동산을 관광기업이 매입해 또다시 기업화된 관광시설을 개발한다. 지역의 문화는 온데간데없고 단지 대규모 자본 투자로 이룩된 인공물만이 생겨날 뿐이다. 인공적인 리조트와 테마파크로 가득한 관광지에서는 더 이상 지역 색깔을 찾아볼 수 없다. 오로지 기업만이 드러나는, 이른바 신자유주의의 관광물이 정착되는 것이다.

우리에게 《아름다운 삶, 사랑, 그리고 마무리》와 《조화로운 삶》 등의 저서로 잘 알려진 스콧 니어링과 헬렌 니어링은 자신들의 보금자리를 아름답게 가꾸고 난 뒤 지역의 리조트 개발 때문에 이주해야만 했다.[1] 헬레나 노르베리 호지의 《오래된 미래》에서 소개돼 유명해진 티베트의 라다크는 관광객의 유입으로 평화로운 마을이 문화 충돌과 세대 갈등을 겪으며 황폐해졌다.[2] 이러한 사례는 관광의 부정적 효과를 잘 보여준다.

이제 우리의 발걸음을 대기업과 관광기업이 꾸며놓은 안락한 시설에서 옮겨보자. 그리고 지역 주민들을 만날 수 있는 여행을 떠나자. 떼로 몰려다니는 여행, 가이드 뒤만 쫓아다니는 여행, 사진만 찍고 쇼핑만 하는 여행을 거부하자. 여행하기 전 집에서 모든 음식과 준비물을 싸가서 관광지에는 쓰레기만 남기고 오는 여행을 이제는 피해보자. 희망적인 여행 활동은 관광객의 입장에서 한 발 더 나아가 여행지와 지역 주민도 생각하는 책임 있는 여행이라 할 수 있다.

대안 여행이라고 알려진 이러한 여행 형태는 다양하지만 대표적으로 농촌체험활동 등 농민과의 교류가 중시되는 농촌여행, 청정자연에 찾아가서 환경과 자연을 배우는 생태관광, 그리고 현지 지역 경제에 도움을 주고 여행지의 환경과 문화를 파괴하지 않는 공정여행 등을 꼽을 수 있다. 또한 분단 현실을 극복해나갈 수 있는 여행인 남북관광 역시 이러한 희망적 여행 활동의 하나라고 볼 수 있을 것이다.

우리의 발걸음으로 이루는 변화

우리의 발걸음은 관광지를 변화시킬 수 있다. 관광지를 변화시키는 것은 정부도 지자체도 관광기업도 아닌 바로 우리의 몫이다. 수요공급의 법칙을 굳이 이야기하지 않더라도, 앞서 언급했듯이 관광지 개발과 투자는 상당 부분 관광객, 즉 수요자의 트렌드를 반영한다. 우리가 찾지 않는다면 대규모 관광 개발은 성공하지 못할 것이며, 이러한 대규모 관광 개발 탓에 지역 주민들이 논밭을 잃고 떠나야 하는 일도 차츰 사라지게 될 것이다. 우리가 지역민을 위한 여행 활동을 해나간다면, 정부나 지자체도 골프장이나 리조트 개발에 열을 올리기보다는 지역 주민들이 운영하는 관광시설에 보다 많은 지원을 하게 될 것이다. 이렇게 우리의 희망적 여행 활동은 관광지를 변화시킬 수 있다.

우리가 꿈꾸는 관광지는 어떠한 곳일까? 지역 주민과 함께 많은 이야기를 나눌 수 있고, 그 지역의 살아 있는 문화를 접할 수 있는 곳이 아닐까? 우리는 어디를 가더라도 똑같은 관광시설이 있는 곳이 아니라 지역마다 특색이 넘쳐나는 관광지를 원한다. 단순히 보고 오는 것이 아니라 여러 가지 체험을 하고, 마음 가득 따뜻함을 품고 올 수 있는 관광지를 원한다.

정부나 지자체에서 추진하는 관광 정책들은 사실 관광지를 만들어나간다기보다는 지역을 파괴해나가는 것들이 많다. 우리의 관광지를 더 이상 정부, 지자체, 관광기업에 맡길 수만은 없다. 가만히 두었다가는 골프장과 테마파크 개발, 카지노 등 도박 사업의 성장, 지역 산업을 몰락시키는 대규모 리조트 개발 등 인공적인 개발이 더욱 기승을 부릴 것이다. 특히, 이러한 대규모 개발은 선거철이 되면 한층 기승을 부린다. 2006년 지방선거시민연대는 '막개발, 헛공약'으로 제시한 자료에서 관광지 개발과 관련해 전북 지역 새만금 관광레저형 기업도시 조성, 전남 지역 서남해안 관광레저도시 개발, 부산 태종대 및 영도 일대 마린레저아일랜드 조성, 대전 성북동 종합관광레저스포츠단지 개발, 강원 지역 관광문화 산업 진흥을 위한 규제 완화와 사회 인프라 구축, 제주 관광객 전용 카지노·레저 산업 육성, 제주 관광 개발 사업을 통한 청년 일자리 2만 개 조성 등의 공약을 거론했다. 이 중 전북 새만금 관광레저형 기업도시 조성 및 전남 서남해안 관광레저도시는 '10대 막개발, 헛공약'에 선정되기도 했다.[3]

수도권 중심의 개발에 대한 지방의 소외감이 오죽했으면 이 같은 공약을 내세울까 싶기도 하지만, 문제는 이러한 대규모 관광지 개발이 지역 주민에게 별다른 혜택을 주지 못한다는 데 있다. 강원랜드 개발이 그 대표적인 예다. 강원랜드 개발 당시 지역 주민에게 많은 혜택이 돌아간다고 구슬렸지만, 외부 자본에 의한 개발로 이익이 지역 주민에게는 돌아가지 않고 모두 외부로 빠져나가고 있다. 혜택은 커녕 오히려 지역 주민을 도박의 길로 내몰고 있으며, 그렇게도 강조했던 고용 효과는 양적으로도 미미할 뿐더러 질적으로도 제한적인 부분에서만 고용이 이뤄지고 있는 현실이다.[4] 강원랜드 수익의 일정 부분을 지역에 투자하도록 돼 있긴 하지만, 지역 주민들은 그 지역 투자라는 것이 지자체에 의해 정략적으로 이용되거나 강원랜드 재투자의 성격이 강해 지역 주민에게 실질적으로 돌아오는 것은 없다고 지적한다.

더 큰 문제는 선거 공약으로 제시한 각종 관광지 개발이 대부분 종합 레포츠 및 리조트 시설 개발, 대단위 골프장 조성 등 그 내용이 상당히 유사하면서도 규모는 세계적 수준일 정도로 압도적이라는 점이다. 골프장 계획만 해도 전남 관광레저도시가 108홀, 전북 새만금 관광레저형 기업도시는 540홀이란다.[5] 한국레저산업연구소 등 골프장을 계획하는 연구기관에서조차 이미 골프장 수급이 적정하다고 얘기하는 시점에 이렇게 골프장을 조성하는 것이 과연 장기적으로 지역에 도움이 될는지 모르겠다.[6]

지역을 살리기 위해 관광지 개발이 필요하다면 당연히 적극적으로 추진해야 한다. 하지만 이렇게 획일적인 내용에다 지역 주민이 주체가 되지 않는 관광지는 세계적인 경쟁력은 물론이고 지역 내 경쟁력조차 갖출 수 없다. 오히려 그 지역만의 고유한 자원을 특화해 지역 주민이 종사하는 기반산업과 연계할 수 있을 때야말로 가장 한국적이고 지역적인 관광자원으로 거듭날 수 있을 것이다. 그런데 한미 FTA, 한-EU FTA 등을 체결해 지역의 기반산업을 모두 몰락시키고, 관광산업의 주체가 되어야 할 지역민과 농민들의 의욕을 다 빼앗아버리고서는 무슨 관광지를 조성하겠다는 건지 의문이 들 뿐이다. 진정으로 지역 주민을 위한 관광지 조성을 공약으로 내세우려 한다면 재벌과 외국의 투기자본을 배제하고, 지역 주민이 주체가 될 수 있는 관광지 조성을 위한 테마를 발굴하겠다고 이야기해야 한다. 그리고 외부 자본 및 대규모 개발 세력으로 인한 지역 기반산업의 몰락을 앞장서서 막겠다고 하는 편이 옳다. 그렇지 않으면 교육과 체험 중심의 관광지가 아니라 위락 위주의 획일화된 대규모 리조트만이 조성될 것이다.

관광산업은 고부가가치 산업으로 많은 일자리를 창출할 수 있는 힘이 있다. 하지만 그 관광을 이루고 있는 자원의 성격과 개발 주체, 그리고 실질적인 운영 주체가 누구냐에 따라서 지역에 돌아갈 수 있는 혜택도 상이할 수밖에 없다. 선거철마다 공약으로 내세우는 대규모 관광지 개발은 황금알을 낳는 거위가 아니다. 다른 사람 손에 길러진 황금알 낳는 거위가 아무리 황금알을 낳아봤자 원래 주인에게 돌아갈 뿐이다. 관광지 개발을 선거 공약으로 내세우려면 황금알 낳는 거위를 지역 주민과 함께 기를 수 있는 여건을 조성하겠다는 이야기부터 해야 하지 않을까?

　　정권이 바뀌더라도 대규모 관광지 개발 중심의 정책은 쉽게 바뀌지 않을 것이다. 하지만 우리가 개념 있는 여행 활동을 한다면 우리나라의 많은 관광지를 바꾸어나갈 수 있다. 대기업 중심적이고 자본주의적인 관광에서 벗어나 지역의 발전을 꾀하고 공동체를 발전시키며 함께 성장할 수 있는 여행, 그러한 여행이 개념 여행이며 새로운 관광지를 만들어낼 수 있는 길이자 새로운 사회로 나아가는 첫 걸음이다.

　　개념 여행은 그동안 끊어져 왔던 도농 교류를 새로이 전개하고, 지역 공동체를 활성화하며, 대기업의 자본 공세에서 벗어나 관광객과 지역 주민이 상생해나갈 수 있는 길을 찾을 수 있게 해준다. 새로운 사회가 별것이겠는가? 자본의 힘에서 벗어나 모두가 행복하게 함께 즐기는 세상이 아닐까? 토머스 모어의 유토피아건, 종교에서 이야기하는 천국이나 극락이건, 사회주의에서 이야기하는 평등 세상이건 우리가 꿈꾸는 세상은 자본에 의해 서열이 매겨지고 돈 벌려고 한평생 고생만 하는 세상은 아닐 것이다. 여행이 주는 자유로움과 평화로움을 일상에서 즐길 수 있는 사회, 이것이 바로 새로운 사회가 아닐까?

1   헬렌 니어링, 《조화로운 삶》, 보리, 2000.

2   헬레나 노르베리 호지, 《오래된 미래: 라다크로부터 배우다》, 중앙북스, 2007.

3   정란수, "관광지 개발 선거 공약 남발을 경계하자", 《인터넷 한겨레》 2006년 5월 26일 자.

4   "폐광 노동자들의 현실", 《강원일보》 2010년 12월 2일 자.

5   본 골프장 규모는 각종 개발계획 수립 당시의 수치로, 현재는 사업성이 없고 현실성 이 부족하다는 판단에서 상당 부분 축소되고 있는 실정이다.

6   필자가 서남해안 관광레저도시 계획에 참여했을 때 골프장 그린피 선정 시 사업성 이 저조하여 골프장 개발이 쉽지 않고 회원권 분양 역시 어려울 것이라는 판단을 내 린 바 있다. 실제 서남해안 관광레저도시는 이후 주간사업자가 전경련에서 금호산 업으로, 다시 에이스회원권거래소로 이전되는 등 난항을 겪고 있다.

자연을 사랑하기
생태관광 ___

환경을 생각하는 생태관광

몇 해 전 MBC에서 방영한 다큐멘터리 〈북극의 눈물〉과 〈아마존의 눈물〉, 그리고 최근 방영한 〈남극의 눈물〉은 인류가 얼마나 자연 환경을 파괴하고 있고, 이로 인해 생태계와 지역민의 삶이 얼마나 피폐해지고 있는지 잘 보여준 프로그램이다. 최근 몇 년간 세계 곳곳에서 일어난 자연재해들만 보더라도 환경 파괴의 대가가 점차 커지고 있음을 알 수 있다.

정부에서도 저탄소 녹색성장을 부르짖으며 외면적으로나마 환경 문제에 대한 경각심을 높이는 것을 보면 우리나라에서도 환경 문제에 대한 관심이 상당히 높아졌다. 1회 용품 사용을 줄이고 친환경제품을 사용하는 등 개인적 차원의 실천도 늘고 있다. 예전에는 환경 문제가 자신과는 상관없는 문제라고들 생각했으나 이제는 그러한 인식도 많이 달라졌다.

환경에 대한 이 같은 관심 속에서 생태관광이 등장했다. 생태관광은 산, 바다, 강 등 자연으로 놀러가는 기존의 여행과는 다른 개념의 여행이다. 단순히 자연을 목적지로 삼는 것만이 아니라 환경 교육과 환경 보호를 주제로 하는 여행에 가깝다. 생태관광은 생태계 보전이라는 큰 틀 속에서 관광을 지속하기 위한, 지속가능한 관광 개발을 추구한다. 따라서 최근에는 국가나 지자체 차원에서 지속가능한 관광 개발을 위한 전략으로서 생태관광의 도입을 고려하고 있다.[1] 전문가들은 생태관광에서 '비교적 훼손되지 않은 자연 지역', '환경 교육 기회 제공을 통한 환경의식 제고', '지역사회 고려'라는 세 요소를 강조한다.[2] 즉, 생태관광이란 훼손되지 않은 자연 자원을 대상으로 자연을 체험하고 즐기며, 환경 교육을 통해 환경의식을 고취하고, 동시에 지역사회에 미칠 사회·경제·문화적 영향을 고려하는 지속가능한 관광sustainable tourism의 한 형태라고 정의할 수 있다.[3]

국내에서 생태관광을 접할 수 있는 곳은 습지 및 철새도래지, 갯벌, 동굴, 비무장지대DMZ 등을 꼽을 수 있다. 습지 및 철새도래지 중에는 충남 서산시와 태안 안면도 사이에 위치한 천수만, 경북 창녕시에 위치한 우포늪, 그리고 낙동강 하구 등이 유명하다. 자연동굴에서 생태계를 관찰하는 동굴 관광과 사람의 손때가 묻지 않은 비무장지대의 탐조 관광 등도 증가하는 추세다.[4]

비무장지대에는 사람의 발길이 드물고, 추수 후 떨어진 곡식이 많아 철새들이 언제나
끊이지 않는 지역이다. 덕분에 이를 관찰하려는 탐조 관광이 각광받고 있다.

이명박 정부 들어 저탄소 녹색성장 정책을 펼치고 있다. 사실 저
탄소 녹색성장이 성장 일변도의 경제 정책과 맞물리는 것도 우습고,
이명박 대통령이 그렇게 저탄소 녹색성장이라 우기는 4대강 살리기
사업과 한반도 대운하와 같은 토건 정책이 친환경적이라고 외치는
것도 기가 막힐 따름이다. 그런데 재미있는 점은 저탄소 녹색성장과
어울리는 '저탄소 녹색관광'이라는 개념을 만들어내어 이를 생태관
광과 유사하게 엮거나 상위 개념으로 보는 관점이 생겨나고 있다는
것이다. 한국문화관광연구원의 김윤영 연구원은 저탄소 녹색관광이
란 경제적 지속성과 녹색산업화의 융합, 환경적 지속성과 저탄소화
의 융합, 사회적 지속성과 관광가치사슬 전 과정의 녹색화의 융합이

라고 설명하고 있다.[5] 김윤영 연구원이 저탄소 녹색관광의 실천 가능성을 놓고 결론으로 제시한 것은 바로 관광객의 인식 변화다.

> 저탄소 녹색관광은 결국 관광객의 선택에 달렸다. 관광객이 그린이라는 메시지를 일종의 유행, 환경 엘리트들의 전유물이며 자신들과는 상관없는 것으로 받아들인다면 저탄소 녹색관광의 미래는 어둡다. (중략) 저탄소 녹색관광을 이행하겠다고 마음먹는 일이 관광객에게는 쉽지만은 않다. 관광객은 더 많이 걸어야 하고, 덜 편해야 하고, 덜 풍성해야 한다. 비약적으로 표현하면 관광을 떠나는 근본적인 목적과 배치된다. 그렇기 때문에 인식의 변화가 필요하고 선행되어야 한다.

백번 옳은 말이다. 그런데 문제를 모두 관광객에게만 전가하는 것은 무언가 책임 있는 행동이 아니지 않을까? 저탄소 녹색성장 정책을 추진한답시고 생태관광이 이뤄지고 있는 철새도래지를 4대강 살리기라는 명목으로 파헤치고, 농촌의 다양성을 파괴하고 사회복지안전망을 훼손시켜 농촌을 더욱 살기 어렵게 만들어놓고는 관광객은 그래도 생태관광을 해야 한다는 것은 무언가 어폐가 있지 않나?

생태관광에 대한 비판적 시선

생태관광은 분명 기존의 대량 패키지관광의 단점을 보완하고 대안 관광의 형태를 제시해주고 있다. 그저 관광객 자신이 즐기는 것에만 몰두한 나머지 관광이 지역 주민에게 어떠한 영향을 주는지, 자신의 소비가 그들에게 어떻게 돌아가는지 고민하지 않던 관광에서 벗어나 지역 주민을 생각하는 관광으로 발전하고 있다. 또한 환경 교육 등 관광의 교육적 측면이 강조되고 있다. 이러한 면에서 생태관광은 그동안의 여행과는 차별화되는 건전한 여행 형태임이 분명하다.

그렇지만 현재 진행되고 있는 생태관광이 대안 관광으로서 충분하냐고 묻는다면 고개를 갸우뚱할 수밖에 없다. 진정한 생태관광이 되기 위해서는 더욱 많은 것을 보완해야 하기 때문이다. 먼저 국내에서 진행되고 있는 생태관광의 형식적 측면에서의 문제다. 많이 개선되긴 했지만 아직 우리는 예약 문화에 익숙하지 않은 것이 사실이다. 관광을 하기 위해 꼭 예약을 해야 한다면 많은 사람들이 번거롭다며 다른 지역으로 발길을 돌릴 것이다. 필자가 금강산 관광 업무에 종사할 당시 이러한 불만을 많이 접했다. 금강산 관광은 북측으로 이동하는 특성상 경찰청, 국정원, 통일부 등에서 신원조회를 거쳐야 한다. 그래서 관광을 가기 약 15일 전에는 예약을 마쳐야 한다. 이에 대해 왜 그렇게 번거롭게 예약을 해야 하며, 또 뭘 그리 오래 걸리느냐며 불평불만을 쏟아내는 사람들이 많았다.

하지만 세계적으로 유명한 생태관광지는 이러한 예약제가 상당히 보편화돼 있다. 예약제를 통해 일정 수 이상의 관광객은 받지 않음으로써 그 관광지에 적합한 수용력을 설정하는 것이다. 우리나라에도, 엄밀한 의미에서 생태관광지라고 할 수는 없지만, 길동 생태공

생태관광지는 활성화되면 오히려 관광자원의 매력인 생태자원이 파괴되는 결과를 낳는다. 따라서 이에 대한 관리가 절실히 요구된다. "순천만 관광객 폭증… 보전대책 필요", 《경향신문》 2009년 1월 9일 자.

원 등이 이러한 예약제를 채택해 운영하고 있다. 그런데 생태관광지를 표방하는 많은 국내 관광지들, 이를테면 순천만, 우포늪 등의 세계적 생태관광지가 아직도 예약제를 시행하지 않고 있다. 예약제가 시행되지 않다 보니 생태관광지로 소문난 곳이 오히려 밀려드는 관광객 때문에 몸살을 앓게 되기도 한다. 생태관광지는 관광객을 많이 받기보다는 오히려 관광객을 제한하여 환경 교육을 하는 형태가 돼야 한다. 그런데 생태관광지를 개발했다는 우리나라의 지자체들은 오히려 그 관광지를 활성화하기 위한 축제 등을 개최해 관광객을 무분별하게 받고 있는 실정이다.[6]

　형식에 대한 문제는 예약제뿐만이 아니다. 각종 관리 시스템의 부재는 생태관광지를 조성해놓고 제대로 운영하지 못하는 문제점을 드러낸다. 생태관광지는 대규모 관광지를 개발하는 식의 하드웨어 중심의 관광지 형태가 아니다 보니 이러한 운영·관리는 더욱 중요하다. 그러나 국내 생태관광지 중에는 이러한 관리시스템을 갖춘 곳이 거의 없다. 뉴질랜드 와이토모 동굴의 경우 동굴 내 미생물이나 생물이 잘 살 수 있는지 점검할 수 있도록 전자 시스템을 통해 산소량을 항상 실시간으로 확인하고 있다. 국내에도 이러한 관리가 필요하다. 관광지마다 LAC(limits of acceptable changes), 즉 허용 가능한 변화의 한계를 측정할 수 있는 관리 방법들이 요구된다.[7]

다음으로는 내용적 측면이다. 생태관광을 표방하는 국내의 많은 관광들이 실제로는 자연관광이지 생태관광이 아닌 경우가 많다. 전문가조차도 생태관광과 자연관광을 구분하지 않으려 하기도 한다. 앞서 언급한 김윤영 연구원이 저탄소 녹색관광의 개념을 설명하면서 저탄소 녹색관광에 생태관광과 자연관광이 모두 포함된다고 한 것도 이와 같은 맥락이다. 생태관광이 청정자연을 대상으로 하기 때문에 그렇게 볼 수도 있으나 생태관광에는 환경의식을 고려하고 지역 주민과 함께한다는 전제가 깔려 있다는 점이 중요한 차이점이다.

생태관광의 가장 중요한 기능은 바로 교육이다. 생태관광의 내용에는 자연 자원 보존을 중심으로 하는 관광체험활동이 포함돼야 한다. 그런데 우리나라에서 전개되는 대부분의 생태관광은 단순히 환경을 보호하자는 차원을 넘어서지 못하고 있다. 생태관광이 그 교육적 기능을 제대로 수행하기 위해서는 환경 파괴의 근본 원인인 자본주의에 대한 비판을 피해갈 수 없다. 유독 우리나라에서는 자본주의를 비판하면 종북주의자나 공산주의자로 낙인찍기 일쑤지만 자본주의는 절대 불변하는 확고한 체제가 아닐 뿐더러 완벽한 체제라고 볼 수도 없다. 더 많은 부를 위한 성장의 욕망을 동력으로 돌아가는 자본주의를 반성하지 않고는 환경 문제의 돌파구를 찾기 어렵다. 환경 교육에는 물질문명과 소비주의, 성장제일주의에 대한 진지한 성찰이 함께해야 한다. 이러한 비판 의식을 견지하지 않는다면, 생태관광은 환경과 생태를 상품화하는 생태상업주의와 결탁하게 될 수도 있다.

저탄소 녹색관광과 생태관광

다시 저탄소 녹색관광으로 이야기를 돌려보자. 이명박 정부의 저탄소 녹색성장 기조에 맞춰 지자체나 각 기관에서 관련 사업이나 정책을 추진하고 있다. 관광 정책도 예외가 아니다. 아니, 어쩌면 다른 분야보다 더 열을 올리는 곳이 관광 분야가 아닌가 싶을 정도다. 제주도는 저탄소 녹색성장을 접목한 관광 개발을 추진하고 있고, 강원도는 저탄소 녹색관광의 중요성을 주장하고 있으며, 새만금관광단지 개발 역시 저탄소 녹색성장의 가치를 강조하고 있다. 한국관광공사는 2008년 이명박 대통령이 저탄소 녹색성장 정책을 공표하자 아예 녹색관광팀이란 전담팀을 신설했다.

관광산업을 '굴뚝 없는 산업'이라 불러서 그런 걸까? 국무총리 낙마 후 김해 국회의원 재보궐 선거에서 당선된 김태호 전 경남도지사는 한국관광총회에서 "관광산업은 저탄소가 아니라 노No탄소 녹색성장 산업"이라고 강조한 바 있다. 과연 그의 말대로 관광산업은 노탄소 녹색성장 산업일까? 이매진피스 임영신 씨와 이혜영 씨가 쓴 《희망을 여행하라》에는 여행으로 인한 환경 파괴 문제가 잘 나타나 있다. 지난 10년 동안 전 세계 사람들이 비행기를 타고 해외로 날아 간 거리는 해마다 60퍼센트씩 늘고 있고, 비행기에서 발생하는 이산 화탄소는 전체 지구에서 배출되는 이산화탄소량의 3퍼센트 수준이 다. 더구나 높은 고도에서 발생하는 이산화탄소가 지구온난화에 끼 치는 영향은 지상에서 발생하는 이산화탄소보다 세 배 더 높다.[8] 네 팔에 여행간 사람이 따뜻한 물로 샤워를 하기 위해서는 세 그루의 나 무를 베어야 한다. 관광산업이 제품을 제조하지 않는다고 해서 노탄 소 산업은 아니라는 이야기다.

이명박 정부의 저탄소 녹색성장은 무엇을 의미하는가? 저탄소 녹색성장의 기본 의미는 탄소 배출을 낮추고, 대체에너지라 할 수 있 는 신재생에너지 산업 등을 촉진해 경제 활성화를 꾀한다는 뜻인 듯 하다. 하지만 이명박 정부는 저탄소 녹색성장의 개념을 확장해 쓰고 있다. 이를테면 4대강 살리기 사업까지 말이다. 4대강 살리기 사업도 저탄소 녹색성장이라고 이야기하는 걸 보면 지역 개발, 토건 정책에 의한 '녹색 뉴딜' 사업까지 저탄소 녹색성장으로 보고 있는 모양이 다. 경제학자 피터 커스터스는 《르몽드 디플로마티크》에서 녹색 뉴 딜을 비판하며 이렇게 이야기한 바 있다.

'녹색 뉴딜'을 자처하는 정부는 '군사적' 케인스주의와 결별해야 한다. 오직 지구상의 생명 보호를 분명한 목적으로 하는 장려 정책과 투자만이 이 '녹색 뉴딜'의 칭호를 받을 수 있다. 이것은 원자력 에너지 생산이 종식돼야 한다는 점을 의미한다. 폐기물이나 온실가스 문제의 악화를 초래하는 모든 투자도 종식돼야 한다. (중략) '녹색 뉴딜'은 '사회적 뉴딜' 없이는 생각할 수 없다. 따라서 오로지 케인스주의적인 규범에 입각한 정책은 아무런 지속적인 해결책을 가져다주지 않는다.[9]

즉, 녹색 뉴딜이든 저탄소 녹색성장이든 제대로 된 정책을 추진하려면 폐기물이나 온실가스 문제를 초래할 수 있는 사업, 이를테면 말만 녹색인 조경, 건축, 토목 사업에 대한 투자를 배제해야 한다는 것이다. 또한, 사회적 복지를 배제한 정책은 결코 녹색으로 포장할 수 없다. 지속가능성은 단순히 환경 부문에만 국한되는 이야기가 아니다. 환경적 지속가능성, 사회문화적 지속가능성, 경제적 지속가능성이 모두 합치될 때 비로소 녹색이라는 말을 쓸 수 있다. 그런데 경제적 지속가능성을 위하여, 마치 그것이 환경적 지속가능성인 것처럼 포장하고, 사회문화적 지속가능성을 배제하고 있는 것이 현재의 '녹색' 정책이다.

관광 정책에서 제시하는 저탄소 녹색성장과 관광의 결합이란 무엇일까? 사실 세부 사업을 보면 말만 저탄소 녹색성장과의 결합이지 오래전부터 대안 관광으로 이야기돼왔던 녹색관광(농촌관광)이나 생태관광의 연장선에 불과하다. 이 정도에서 그친다면 그나마 안심이다. 문제는 이를 벗어난 4대강 사업의 주변 관광 개발이나 4대강 연계 관광 상품 역시 저탄소 녹색관광으로 포장하고 있다는 점이다. 기존 관광 개발 계획까지 물길 주변에 있다고 녹색관광이라 부르는 현실이 참으로 안타까울 뿐이다. 이명박 정부에서 추진하고 있는 저탄소 녹색성장을 뒷받침하기 위한 관광 개발은 허구일 수밖에 없다. 만일 진정으로 저탄소 녹색관광을 추구하고자 한다면 녹색관광(농촌문화여행) 활성화를 위해 농촌, 농업, 농민 등 3농 정책부터 제대로 자리 잡도록 해야 할 것이고, 생태관광지의 보전을 위해 환경 교육을 선행해야 할 것이다.

관광 정책이라는 것이 참으로 우습게 느껴질 때가 있다. 정부에서 거시적인 패러다임을 들고 나오면 이에 부응하는 각종 관광 정책들이 쏟아져 나온다. '저탄소 녹색성장을 위해 우리 모두 동참하자'며 지자체는 그 지역의 저탄소 녹색성장 연계 관광 개발을, 각 정부 기관은 녹색관광팀을 신설하거나 저탄소 녹색관광 개발 가이드라인을 제시하고, 학계에서는 저탄소 녹색성장과 관광이라는 주제로 학회를 개최하기도 한다. 이러니 획일화된 관광지나 관광 상품들이 양산되는 것이다. 이리로 쏠리고, 또 시간이 지나면 저리로 쏠리고 할 때마다 지역의 고유문화와 관광 상품은 죽어나간다.

2009년 8월 이참 관광공사 사장이 취임식에서 한 이야기에 쓴웃음을 짓지 않을 수 없었다. 다른 나라는 동메달도 만족하지만 우리나라는 그렇지 않다며 올림픽 금메달을 따는 정신으로 관광 발전에 임해야 한다면서 1등 관광 선진국을 강조했다고 한다. 이것이야말로 정말 위험한 발상이다. 관광 발전을 위해서는 올림픽 금메달을 따는 1등 만능주의 정신이 필요한 것이 아니다. 다른 참가자와 공정하게 경쟁하고 공동체 의식을 발현하며 다양성을 존중하는 정신, 바로 올림픽 근본정신이 필요한 것이다. 그래야만 생태관광이나 지속가능한 관광이 될 수 있고, 진정한 의미의 저탄소 녹색관광이 실현될 수 있을 것이다.

1   김남조·이충기,《UN ESCAP의 연구동향 분석 및 신규사업 제안》, 문화관광부,
    1999.

2   강미희,《생태관광객의 여행 동기 및 태도: 척도구축과 관광객 유형별 비교분석》,
    서울대학교 박사학위논문, 1999.

3   이상로·최승묵·정철·정란수, "환경보전을 위한 생태관광 활성화 방안",《환경부
    논문 공모전 수상집》, 2000.

4   한상겸·이용일, "한국 주요 생태관광의 현황과 활성화 방안",《한국도서연구》
    22(1), 2010, 79~99쪽.

5   김윤영, "새로운 패러다임으로서 저탄소 녹색관광의 개념과 이슈",《한국관광정책》
    37호, 한국문화관광연구원, 2009.

6   "관광객들 '환성'… 순천만은 '신음'",《경향신문》2010년 11월 9일 자.

7   김진선, "허용변화한계법(Limits of Acceptable Change: LAC)과 휴양기회분포
    (Recreation Opportunity Spectrum: ROS)를 적용한 갯벌자원 평가",《한국조경학회
    지》31(4), 2003, 57~66쪽.

8   임영신·이혜영,《희망을 여행하라》, 소나무, 2009.

9   피터 커스터스, "녹색 뉴딜, 그 불편한 진실",《르몽드 디플로마티크 한국판》2009년
    6월호.

지역사회와 공생하기

농촌문화여행 ___

농촌관광이 뜨고 있다

아이가 있는 가정이라면 여행지 결정이 대부분 아이에게 달려 있다. 이 말은 아이가 가고 싶어 하는 곳을 여행한다는 말이기도 하지만 아이에게 도움이 되는 여행지를 찾는다는 의미기도 하다. 아이에게 많은 것을 배우게 하고 체험하게 하는 것이야말로 모든 부모들이 바라는 바일 것이다.

급격한 도시화로 많은 이들의 삶에서 농촌은 낯설고 먼 곳이 되었다. 특히 어린 자녀를 둔 30~40대 부모들은 그들의 부모 세대 때부터 도시 생활을 했기 때문에 방학을 맞은 아이들을 데리고 찾아갈 농촌 지역의 연고지가 딱히 없는 형편이다. 그렇다 보니 농촌으로 관

남해군의 개매기 잡기 체험. 농촌에 가서 다양한 체험을 하는 농촌관광이
최근 많은 관심을 받고 있다(사진 출처: 한국관광공사).

광을 떠나는 경우가 점차 늘고 있다.

농촌관광의 가장 중요한 프로그램은 체험이다. 계절마다 조금씩
다르지만 벼농사 지역에서는 모내기부터 추수까지 관광객이 직접 체
험할 수 있도록 논을 제공한다. 과수원에서는 각종 과일 재배에 참여
할 수 있고, 밭에서 고구마나 감자를 캐는 프로그램도 많다. 농촌관
광에서는 이러한 체험 프로그램 말고도 농촌 가옥에서 잠을 자고, 가
마솥에 밥을 해먹고, 개울가에서 물놀이를 하는 등 다양한 프로그램
이 전개된다. 그야말로 아이들에게는 산 교육의 장인 것이다.

농촌관광은 농산물 직거래로 이어지기도 한다. 사실 관광객이
와서 진행하는 체험 프로그램만으로는 지역 주민에게 돌아가는 수익

관광시설의 어린이체험장은 부모들과 아이들에게 언제나 인기가 좋다. |

이 많지 않다. 대신 관광객들이 그 지역의 농산물을 구매함으로써 지역 경제에 도움을 줄 수 있다. 농산물 직거래는 산지에서 직접 살 수 있어 신선하고, 복잡한 유통 과정에서 발생하는 추가 비용을 지불하지 않아도 된다는 장점이 있기에 지역 농민이나 관광객 모두에게 좋은 일이다. 또, 한번 농산물을 구매한 관광객이 집에서 택배로 주문하는 형태로 구매를 이어가기도 한다. 이런 점에서 농촌관광은 지역 농산물 홍보 역할도 톡톡히 하고 있다.

고령 개실마을 농·특산물 판매장. 농촌관광은 농산물 직거래로 이어져
농촌 경제에 많은 도움을 준다.

농촌관광 개발, 잘하고 있나?

정부에서도 농촌관광을 육성하기 위해 다양한 정책들을 추진하고 있
다. 농수산식품부(전 농림부)의 녹색농촌체험마을사업과 마을종합개
발사업, 농촌진흥청의 농촌전통테마마을사업, 행정안전부(전 행정자
치부)의 아름마을가꾸기사업, 정보화시범마을사업, 소도읍육성사업,
신활력사업, 살기좋은지역만들기사업, 지식경제부(전 재정경제부)의
지역특화발전특구제도 등 다양한 사업을 통해 재정적·제도적 지원
이 이뤄지고 있다.

　문제는 이러한 농촌관광 지원사업의 예산이 대규모 시설 개발
및 농촌 환경 개선에 쓰인다는 데 있다. 물론 낙후된 지역을 개선하
는 것은 바람직한 일이다. 하지만 단순히 편하고 깨끗하게 이용할 수

고령의 개진감자 직판장. 감자가 크기별로 자동 선별되는 모습은 좋은 관광거리다. |

있는 시설만 개발하는 것이 관광객 유치에 얼마나 효과적일는지는 의문이다. 관광객들이 편하고 깨끗한 곳을 찾아 농촌으로 오는 것은 아니기 때문이다. 관광객이 원하는 것은 농촌 방문 그 자체와 다양한 체험이다.

농촌관광 개발을 추진할 때 관계·학계·업계에서 해외 사례 조사를 위해 다녀가는 곳 중에 빠지지 않는 곳이 바로 일본의 유후인 마을이다. 특별한 자원이 없는 마을임에도 관광객이 매년 4백만 명씩 다녀가기로 유명한 곳이기에 소규모 관광 개발 추진 시 벤치마킹 대상이 되고 있다. 하지만 유후인 마을이 표방하는 것을 제대로 파악하고 있는지는 의문이다. 유후인 마을은 "가장 살기 좋은 마을이 가장 관광하기 좋은 마을"이라는 모토로 유명하다. 이 말은 결국 단순

일본의 유후인 거리. 아기자기한 생활상과 마을 모습은
그 자체로 테마파크 같은 느낌을 선사한다.

히 보여주는 시설이 아름다운 것이 전부가 아니라 실제로 사람들이
생활하기 좋고 지역의 문화가 고스란히 녹아 있는 곳이 가장 관광하
기 좋은 곳이라는 의미다. 다시 말해, 주민들의 생활을 위한 복지체
계를 마련하고 자족적인 생활을 꾸리는 것이 좋은 관광지의 선행조
건이라는 말이다.[1] 마을이 진정으로 살기 좋은 곳이 되어 독특한 지
역 문화를 만들어낼 때 사람들은 이를 보기 위해 관광을 오게 된다.
우리가 해외여행 가서 보는 것들이 주로 그 지역의 문화유산들이지
대형 리조트나 테마파크는 아니지 않은가? 지역의 독특한 문화는 관
광의 가장 중요한 자원이 된다.

농촌문화여행의 바람직한 모델

그렇다면 농촌관광, 농촌문화여행의 바람직한 모델은 무엇일까? 농촌문화여행이 단순히 옛 농촌의 모습만 보여주려 해서는 안 된다. 그런 모습은 실제가 아니기 때문에 점차 사람들이 외면하게 될 것이다. 농촌문화여행이 발전하기 위해서는 농촌의 근본적인 발전이 전제가 되어야 한다.

농촌문화여행이 지속적으로 발전해나가기 위해서는 우선 농산물 생산·가공·유통, 지역 공동체 확립 등이 진행돼야 한다.[2] 그래야 부가적으로 농촌관광 역시 활성화될 수 있다. 다시 말해 농촌의 전반적인 개선이 우선이며, 그 안에서 농촌문화여행과 연결될 수 있는 모델을 찾는 것이 보다 바람직하다.

세부적으로는 도농 교류의 확산을 위해 농촌 체험 프로그램을 다양화하고, 단순히 체험에서 끝나지 않도록 교육적인 내용이 더해져야 한다. 에듀케이션과 엔터테인먼트의 결합인 이른바 에듀테인먼트의 실현인 것이다. 또한, 직거래 판매장의 관광자원화와 더불어 직거래를 활성화하기 위해 관광객의 소속 직장 및 학교에 바로 농산물을 유통할 수 있는 체계를 마련하는 것도 필요하다. 아울러 정기적으로 농촌 일손을 도우러 오는 관광객에게 그 지역에서만 사용할 수 있는 지역화폐를 지급하는 등 다양한 지역 활성화 시스템도 갖춰야 한다.[3]

마지막으로 농촌문화여행이 보다 발전하기 위해서는 농촌다운 경관이나 농산물 거래를 넘어선 문화적 교류가 이뤄져야 한다. 기존

	소농 중심 협업체계	농업 여건의 혁신	통일농업 구현
농업 여건	• 소농(가족농) 중심 지원체계 확대 • 다품종 소량생산 및 다작화 체계 실현	• 소농(가족농) 중심 지원체계 확대 • 다품종 소량생산 및 다작화 체계 실현	• 남북 지역별 농산물 분배생산 • 남북 농산물 지속적 교류 방안 마련 (남북공동 농업정책)
	생태농업 전환	순환농업 육성	노동력 증대 실현
농산물 생산	• 단계적 저농/유기농 개선 • 궁극적 친환경농업 전면 실현	• 전통순환농법 지원 • 지역순환농법 육성	• 기간농민제 도입 • 은퇴자 농업 지원
	민-학-연 연계체계	농민 직접 가공제	
농산물 가공	• 지역농산물 가공 연구 지원 • 농산물 가공 상품화를 통한 부가가치 증대	• 농공단지 이용방식 및 시설 개선 • 키친 인큐베이터 시설물 지원 • 농산물 가공 교육	
	공동체 유통체제	연대 유통망 확대	유통 활성화 체계
농산물 유통 및 교류	• 생협 활성화 • 회원 내부 직거래 자립자치두레 지향 • 지역 먹거리 시장 여건 개선 및 활성화	• 직거래망 확대 • 노-동 연대 확대 • 학교급식망 개선 및 친환경교육을 위한 교-농 연대 시행	• 지역화폐 발행 및 연계체계 구축 (레츠 및 에코머니) • 노동력 지역화폐화에 따른 교역 활성화
	도농 교류 및 교육	농촌 공동체 증진	생태/농업 운동
공동체 여가교육 및 운동	• 도시농업 확대 • 지산지소를 통한 농산물 중요성 인식 • 지속가능한 농업을 위한 농촌관광 체계	• 새마을 운동 시기 낙후된 마을 경관 개선 및 마을 꾸리기 • 여가문화시설 개선 및 공동체 교육 증대	• 적-녹-농 연맹을 통한 운동방향 구축 • 식량주권 운동을 통한 생산/소비자 공동 운동으로 전개

* 점선은 농업-관광 연결 가능 부분

| 농업 혁신과 그에 따른 농촌문화여행의 다양한 발전 가능성.

의 농촌관광이 아닌 농촌문화여행이 되어야 한다는 것이다. 지역사회의 문화를 체험하고 농민들의 생활을 이해할 때 비로소 관광객들

홋카이도 후라노 시의 유명한 허브 농장인 팜도미타. 도미타 씨 및 그 자손들이 운영하는 허브 농장으로 총규모 12만 평방미터, 라벤더 식재 면적 6만 평방미터의 대규모 농장이다. 매년 약 1백만 명의 관광객이 찾고 있다.

이 농촌에 가서 느낄 수 있는 것들이 많아지게 될 것이다. 지역 문화는 지역마다 모두 다르다. 그렇기 때문에 그 지역의 문화를 부각하는 것이 물적 자원인 농산물을 차별화하는 것보다 용이할 수 있다.

또한 농촌이라고 해서 먹거리 농산물만이 농촌문화여행의 전부라고 생각하는 고정관념을 벗어던져야 한다. 이러한 생각 때문에 현재 진행되고 있는 농촌문화여행 대부분이 지역 특산물만을 소재로 하고 있다. 그러다 보니 그 소재와 프로그램이 한정되고 식상하게 전개될 가능성이 높다. '농산물'에 대한 생각을 전환하면 독특한 특성을 발견하는 것이 어렵지 않다.

한 예로 일본 홋카이도 지역의 후라노 시"는 지역 전체가 꽃과 허

팜도미타의 오일추출시설. 오일을 추출하는 모습을 관광객에게 보여줌으로써 새로운 관광거리를 창출하고, 가공품 판매를 유도하는 역할을 수행한다.

브로 가득하다. 지역의 어느 곳을 가도 꽃을 볼 수 있으며 허브 추출 오일과 화장수, 허브 아이스크림, 허브티 등 다양한 가공품을 판매한다. 이곳에서는 꽃이라는 볼거리를 통해 경관농업을 하고, 꽃을 이용한 가공품을 생산해 부가가치를 창출하며, 관광객에게 서비스를 제공하는 등 1차·2차·3차 산업이 동시에 진행된다. 일반적인 농산물에서 벗어난 창의적 상상력이 후라노 시 전체를 성공적인 농촌문화 여행 지역으로 만든 것이다.

지속가능한 농촌문화여행을 위하여

이제는 관광객 차례다. 우리가 농촌 지역으로 여행갈 때 반드시 염두에 둬야 할 것이 있다. 우리가 관광하는 그 공간은 농민들이 일상적으로 생활하는 공간이라는 사실이다. 그곳은 지역 주민들의 경제 활동과 문화 활동, 그리고 여가 활동이 일어나는 공간이다. 단순히 관광객 신분으로 돈을 지불했으니 마음대로 해도 된다고 생각할 게 아니라 농민들의 생활은 어떠한지 이해하기 위해 체험해본다는 마음가짐을 갖는 것이 올바르다. 그러기 위해서는 지역사회의 지속가능성을 생각하는 마음으로 관광해야 한다. 그렇다면 지역사회의 지속가능성을 생각한다는 것은 무엇일까?

첫째, 경제적 지속가능성이다. 즉, 바람직한 농촌문화여행이 지속되려면 농촌 지역에 여러 가지 경제적 혜택이 돌아가야 한다. 따라서 체험관광 프로그램이나 숙박 관련 비용은 당연히 농민들에게 지불되어야 한다. 이와 더불어 그 지역의 농산물을 구입하도록 하자. 물론 농민들을 돕기 위해 필요 없는 것을 구매하자는 말이 아니다. 대부분 산지 농산물은 도시에서 구매하는 농산물보다 저렴하고 훨씬 신선하다. 단지 농촌에 가서 하루 놀다 오는 것이 아니라 믿을 수 있는 청정 먹거리를 공급해주는 나만의 동반자가 생겼다고 생각해보자.

둘째, 사회문화적 지속가능성이다. 농촌문화여행은 관광객과 지역 농민이 함께 어울리는 장이다. 지역의 사회문화를 보존하고 발전시키는 것이 농촌문화여행을 지속가능하게 해준다. 약간의 불편을 감수하더라도 지역의 재래식 화장실과 좌식 온돌, 흙탕물이 될 수도 있는 비포장도로를 즐겨야 한다. 이러한 것들에 대해 개선을 요구한다면 그 지역은 정부 지원을 받아 도시와 같은 아스팔트 길, 현대화된 건물, 호텔식 숙박 시설을 갖출 것이다. 이렇게 되면 당장은 편리할지도 모르겠지만 하루 이틀 있다 보면 도시에 있는 것과 차이를 못 느껴 관광비용이 아까워질 것이다.

셋째, 환경적 지속가능성이다. 농촌을 여행하며 가장 만족해하는 것 중 하나는 아름다운 자연경관을 즐길 수 있다는 점이다. 그만큼 환경에 대한 마음가짐은 무엇보다 중요하다. 우리의 발걸음만 남기고 온다는 생각을 갖자. 농촌에 갖가지 쓰레기를 버리고 오는 것은 농촌의 노인들에게 우리가 돈 냈으니 쓰레기를 치우시라고 하는 것과 다를 바 없다는 것을 명심하자.

한국관광공사, 각 지역관광공사 및 지자체 홈페이지에는 그 지역의 농촌관광지가 많이 소개되어 있다. 이번 주말에는 그 지역 중 하나를 골라 농촌문화여행을 떠나보자. 아이들이 농민과 이야기를 나누며 우리 먹거리의 중요성을 알게 된다면 아이들의 편식 습관이 고쳐질지도 모른다. 또 지역 농산물의 택배 서비스를 기억해두자. 집에서 언제나 신선한 농산물을 받아볼 수 있는 듬직한 창구가 될 것이다. 하루 종일 농사 체험을 해보자. 무리하게 다이어트를 하지 않아도 건강한 체력과 멋진 몸매를 유지할 수 있을 것이다. 또한 여행에서 남는 것이 사진만이 아니라는 것을 깨닫게 될 것이다.

1   정란수, "돌봄과 나눔의 미학이 있는 지역관광 정책을 바라며",《참세상》2007년 12월 6일 자.

2   김종덕,《농업사회학》, 경남대학교출판부, 2006.

3   유럽에서 레츠LETS, 일본에서는 에코머니로 불리는 지역화폐는 지역 내 재화와 서비스 교환, 자금이 순환되는 시스템으로 현금을 사용하지 않고도 마을 사람들끼리 물품과 서비스를 주고받을 수 있는 제도다. 국내에서는 대전의 '한밭레츠', 제주의 '수눌음'이 비교적 활발히 운영되고 있다. 지역화폐가 활발히 유통될수록 지역 공동체의 사회적 네트워크가 강화되고 지역 경제가 개선될 수 있다. 가령, 마을 주민이 박공예, 멍석 만들기 등과 같은 공동 소득활동에 참여하고, 그 보수로 지역통화를 받아 마을 식당에서 사용하고, 식당은 마을에서 생산되는 농산품을 구입하는 방식이다. 이는 관광객에게도 적용 가능하다.

4   카미카와(上川)지청 관내의 남부에 위치하며, 홋카이도 중앙부의 소라치 강(호知川) 중류 지역에 있는 관광도시로 총면적 600.97km², 인구 2만 6112명의 도시다. 라벤더, 금잔화, 튤립 등 다채로운 색깔의 꽃이 피는 농장이 몰려 있으며, 6월에서 9월 사이에 아름다운 경치를 보려고 관광객들이 많이 방문한다.

희망을 여행하기
공정여행 ___

신자유주의와 공정무역

우리는 현재 신자유주의가 지배하는 세상에 살고 있다. 기업의 경영에 따라 정치 상황이 좌우되고, 기업이 언론을 지배하며, 다국적기업이 국가의 정책과 제도에 막대한 영향을 주는 사회 속에 살고 있는 것이다. 물론, 기업 활동을 모두 나쁘게 볼 수 없다. 기업의 활동이 있어야 일자리가 창출될 수 있고 사회의 경제 활동이 원활히 돌아갈 수 있기 때문에 기업 자체는 순기능을 한다. 문제는 기업의 과도한 이윤 창출 활동이 다른 기업이나 주민들에게 피해를 줄 때인데, 이러한 문제가 현대 사회에서 적지 않게 일어나고 있다.

우리가 소비하는 물건은 모두 제값을 지불하고 가지고 오는 것일까? 실제로 그렇지 않은 경우도 많다. 스타벅스, 커피빈 등 다국적 프랜차이즈 커피 전문점이 길목마다 들어선 우리나라에서 커피 소비는 이제 일상이 되었다. 하지만 우리가 마시는 이러한 커피들이 실제로는 생산자에게 공정한 가격을 지불하지 않고 들여오는 경우가 많다. 커피 시장에서 커피 생산 농가에 돌아가는 몫은 전체 수익의 고작 0.5퍼센트 수준밖에 되지 않는다.[1] 스타벅스 등 다국적 커피 프랜차이즈들은 최근 들어 커피 농가에 정당한 대가를 지불한다고 선전하고 있지만, 이들은 커피 생산 농가와 직접 거래한다기보다는 그 중개인과 거래하는 것이기 때문에 생산 농가에 정당한 몫이 돌아간다고 보증할 수 없다.

커피뿐만이 아니다. 다국적기업이 가난한 나라에서 노동력을 착취하는 사례는 많다. 나이키는 아동 노동력 착취를 통해 운동화를 생산해온 것으로 유명했다. 나이키는 2005년 제3세계 국가 아동들을 착취해 운동화를 만들어왔다는 사실을 고백하며 이를 개선할 것을 약속했다.[2] 다국적기업은 많은 일자리를 창출한다는 달콤한 유혹을 앞세워 자신의 요구를 관철시킨다. 국가의 법과 제도, 그리고 문화와 관습을 무시할 수 있는 거대한 힘을 가진 것이 바로 다국적기업이다. 신자유주의는 다국적기업의 힘이 보다 막강해질 수 있는 경제체제다. 개인의 자유가 중시되었던 고전적인 자유주의에서, 기업의 경영 활동이 가장 중요한 이념이 되고 기업의 자유가 중시되는 사회, 그것이 바로 신자유주의인 것이다.

문제는 신자유주의하에서 다국적기업이 가난한 나라의 생산자

신선한 원두를 제값을 주고 구입해 직접 로스팅하는 커피 전문점이 국내에도 많이 있다.
다국적 프랜차이즈 커피 전문점보다 훨씬 맛 좋은 커피를 제공하며 저마다 특색도 다양하다.
사진은 경기도 용인의 북카페 에코의 서재.

들을 착취한다는 데 있다. 커피 농가처럼 제대로 노동의 대가를 받지
못해 빈곤의 악순환이 지속될 수밖에 없다든지, 운동화 제조에 아동
노동력을 투입해 배움의 기회를 박탈한다든지 하는 문제점들이 바로
지금 이 순간, 우리가 구매하는 물건들 때문에 일어나고 있는 것이
다. 이런 상황에서 대안으로 대두된 것이 바로 공정무역이다.[3]

기존의 시장경제 체제와 공정무역 사이의 가장 큰 차이점은 공
정무역 제품을 구매하면 그 혜택이 대기업이나 다국적기업이 아닌
가난한 나라의 생산자들에게 돌아간다는 점이다. 공정무역을 통해
가난한 나라의 생산자들이 정당한 대가를 받을 수 있는 것이다.[4] 이

들이 생산한 제품에 공정하고 안정된 가격이 매겨지고, 노동자들은 정당한 임금을 받으며, 많은 수익이 발생했을 때에는 자신들의 사업이나 공동체에 재투자하게 되는 무역 형태가 바로 공정무역이라 할 수 있다.

현재의 무역 체계에서 가난한 나라가 생활의 변화를 꾀할 수 있을까? 겉으로는 세계의 빈부격차를 해결하자고 노력하는 척하지만 실제로 미국이나 유럽의 부국들이 스스로 빈부격차를 해소할 수 있을 것 같지는 않다. 노동력과 원재료 착취를 통해서 자신들이 더 많은 이익을 가져갈 수 있기 때문이다. 그것이 바로 자본주의의 속성이며, 신자유주의 지배에서 기업이 살아가는 방법이다. 제도적 차원에서 이러한 문제를 개선하려 노력할 수도 있지만 국제사회 특성상 법적 제재를 가하는 것이 쉽지 않다. 결국 그들을 통제하는 것은 소비자의 몫이다.

소비자들이 공정무역을 위해 노력하는 기업의 제품을 이용해야 기업들이 공정무역을 한층 중요하게 받아들일 것이다. 이러한 움직임은 여러 분야에서 나타나고 있다. 스타벅스의 경우 현재 전체 구매량의 5퍼센트 정도를 공정무역 커피로 구매하고 있다. 물론 공정무역을 하고 있다고 보기에는 턱없이 부족한 비율이지만, 소비자들의 요구에 순응한 한 사례로 볼 수 있다.

물론 공정무역 자체에도 문제점은 존재한다. 천규석은 공정무역도 결과적으로 보면 히말라야 오지까지 세계 시장에 예속시키는 데 일조하고 있으며, 그러한 장삿속을 인도적 지원으로 위장하고 있기 때문에 더 불쾌하다고 말한다. 또한 커피나 사탕수수 같은 대규모 단작농업에 의존하는 기호식품 생산이 유럽의 식민주의를 기초로 하고 있으며, 그것이 결국 지역의 자급 구조를 붕괴시켜 오늘과 같은 수탈적인 경제 구조를 만들었다고 설명하면서 공정무역의 한계를 지적하기도 한다.[5] 곰곰이 생각해볼 대목이다.

희망을 여행하는 공정여행

무역 분야에 공정무역이 있다면, 관광 분야에는 '공정여행'이라는 것이 있다. 공정여행이란 여행지의 지역 경제와 자연, 문화를 존중하는 여행 방식을 말한다. 관광 분야의 고전이라 할 만한 책 중에《제3세계의 관광공해》라는 저서가 있다. 이 책의 저자인 론 오그라디는 책임감 있는 여행을 언급하며 다음의 지침들을 권고한다. 이는 그 어떠한 여행에 있어서도 반드시 필요한 지침들이다.[6]

1. 여행할 때에는 겸허한 마음과 참된 열정으로 그 나라 주민들에 관하여 배우려고 노력하라.
2. 주민들의 기분에 주의 깊게 신경 써라. 혹 당신에게 닥칠지도 모르는 공격적 행동을 방지할 수 있다.
3. 단순히 표면적인 것을 보고 듣는 것이 아니라 경청하고 관찰하는 버릇을 길러라.
4. 당신이 방문하는 나라의 사람들은 당신의 시간 개념, 사고방

식과 다를 수 있음을 알아야 한다. 그렇다고 그들이 열등한 것
이 아니라 단지 다를 뿐임을 명심하라.

5. '낙원의 해안'을 찾기보다는 다른 눈으로 다른 생활 방식을 봄
   으로써 자신을 보다 풍부하게 하라.

6. 지역의 관습에 익숙해지도록 하라. 주민들은 기꺼이 당신을
   도울 것이다.

7. 모든 것을 알고 있다는 식의 자만을 버리고 질문하는 습관을
   길러라.

8. 당신은 이 나라를 방문하는 수천 명의 방문객들 중 한 사람에
   지나지 않음을 기억하고 특별한 특권을 기대하지 마라.

9. '가정을 떠난 또 하나의 가정'을 경험하기를 원한다면 여행에
   서 돈을 낭비하는 것은 어리석은 것이다.

10. 물건을 살 때 싸게만 사려고 하는 것은 현지 노동자의 저임금
    을 강화할 수 있다는 것을 명심하라.

11. 당신의 이해를 심화하기 위해 매일의 경험에 대해 반성할 시
    간을 가져라.

이러한 열한 가지는 공정여행을 위해 지켜야 할 여행 지침이다.
다시 말해 공정여행은 경제적으로 지역의 지속가능성을 지켜주고,
환경적으로나 문화적으로도 지역에 해를 끼치지 않도록 노력하는 여
행인 것이다.

외국에서는 다양한 공정여행이 활발히 전개되고 있다. 영국의

공정여행에 대한 정보를 제공하는 영국 시민단체 투어리즘컨선의
《윤리적 여행 가이드북The Ethical Travel Guide》. 이 책은 대안적 형태의 관광을 소개하고
세계 각지의 관련 단체 및 여행지에 대한 정보를 전해준다.

투어리즘컨선Tourism Concern이라는 시민단체는 다양한 공정여행
캠페인을 진행하며 공정여행 취급 여행사를 소개하고 있다. 영국의
리스판서블트래블닷컴(www.responsibletravel.com)은 2001년 세계
최초로 설립된 공정여행 전문 여행사다. '책임감 있는 여행자'와 현
지 여행사를 연결해주고 새로운 여행 프로그램을 개발하는 이 여행
사는 앙코르와트 청소 여행, 베트남 요리 배우기 여행, 프랑스 요가
여행 등의 프로그램을 운영하고 있다. 히말라야 트레킹의 경우 '가장
싸게 짐꾼을 구할 수 있는 여행사' 대신 '짐꾼에게 정당한 임금을 지
급하는 여행사'를 소개하며, 리조트 여행도 대형 체인 리조트 대신
현지 주민이 운영하는 작고 친환경적인 리조트를 권장한다.[7]

국내에서도 2009년 이매진피스의 임영신, 이혜영 씨가 《희망을

여행하라》라는 공정여행 가이드북을 발간했다.[8] 이 책에서 두 저자는 여행과 인권, 여행의 경제적 문제점 등을 이야기하고 있다. 또 여행이 환경에 미치는 영향, 정치가 여행을 제약하는 문제에 대해서도 심도 있게 파헤치고 있다. 저자들은 관광학을 전공하지 않았지만 어떤 관광 전문가들보다도 관광의 문제점을 제대로 지적하고 있으며, 거침없이 그에 대한 대안을 이야기하고 있다. 여행에 관심 있는 사람이라면 꼭 읽어볼 가치가 있는 좋은 책이다.

국내여행도 공정여행으로

《희망을 여행하라》는 공정여행 개발 과정의 기준과 공정여행의 조건으로 다음 네 가지를 제시하고 있다.

1. 투자자와 지역 공동체 사이에 공정하고 동등한 거래자로서 파트너십을 형성한다.
2. 지역과 이익을 공정하게 나눈다.
3. 관광객과 지역 주민 사이에 공정한 거래가 이뤄져야 한다.
4. 공정한 임금과 근로조건을 지킨다.

몇 해 전 아내와 인도 여행을 갔을 때 관광객을 대상으로 하는 상점 대신 현지인들이 이용하는 재래시장을 찾아갔다. 가뜩이나 말도 통하지 않는데 다들 우리만 쳐다보는 것 같아 처음에는 조금 떨리기

| 인도 여행에서 우리 부부를 반갑게 맞이해준 현지 재래시장 상인.

도 했다. 그렇게 시장을 돌다가 손수 만든 가방을 판매하는 할머니 한 분을 만나 가방을 하나 구입했다. 말이 잘 통하지 않더라도 지역 주민과 교감하는 느낌이 좋았고, 관광객들이 주로 찾는 상점이 아닌 길거리 가판대에 조금이나마 이익을 돌려준 것 같아 기분이 더 좋았다. 소박하지만 바로 이러한 것도 공정여행의 일환이라 할 수 있을 것이다.

이러한 공정여행 지침을 해외여행뿐 아니라 국내여행에도 적용해볼 수 있을 것이다. 구체적으로 어떻게 적용해볼 수 있을까? 우선 내가 가고자 하는 관광시설이 관광리조트나 대기업에서 운영하는 것인지, 아니면 그 지역에서 운영하는 것인지 살펴보자. 그리고 우리가 지불하는 비용이 관광시설 종사자에게 제대로 돌아가는지도 상당히 중요하다. 내가 구매하는 음식이나 특산품, 기념품이 지역 주민이 직접 생산하고 가공해 판매하는 것인지 살펴보자. 중간 유통업자에게 더 많은 수익이 돌아간다든지 지역 주민과 관계가 없는 제품이나 지역 생산물이 아닌 경우에는 구매를 다시 생각해보자.

공정여행은 새로운 여행 상품이나 여행지가 아니라 새로운 여행 형태라 할 수 있다. 공정여행은 생태관광이 될 수도 있고 농촌관광이 될 수도 있으며 남북관광이 될 수도 있다. 공정여행은 지속가능한 관광 형태이자 관광객의 책임을 보다 엄격하게 묻는 대안 관광의 한 형태라고 볼 수 있다. 보다 지역 중심적이고 지역의 경제를 고려하는 관광이 공정여행이다.

최근 들어 공정여행을 주제로 여행 상품을 소개하는 여행사들이 하나둘 생겨나고 있다. 제주도 올레길을 전도한 서명숙 제주올레 이사장[9]이나 책임여행을 추구하는 주식회사 착한여행사[10] 등의 노력에 박수를 보낸다.

1   엄성복·이지영, 《돈 버는 소비심리학》, 국일미디어, 2008.

2   조득진, "당신은 착한 소비를 하고 계십니까", 《위클리경향》 764호, 2008.

3   마일즈 리트비노프·존 메딜레이, 《인간의 얼굴을 한 시장경제, 공정무역》, 모티브, 2007.

4   앞의 책.

5   천규석, 《윤리적 소비》, 실천문학사, 2010.

6   론 오그라디, 《제3세계의 관광공해》, 민중사, 1985.

7   최명애, "윤리적 소비 ― 책임여행", 《경향신문》 2007년 5월 31일 자.

8   임영신·이혜영, 《희망을 여행하라》, 소나무, 2009.

9   서명숙 제주올레 이사장은 제주도의 대규모 관광 개발에 반대하며 제주도의 길 자체를 관광 상품화해 제주도 걷기 여행을 활성화시킨 장본인이다. 국내여행이 생태관광, 공정여행으로 전환해가는 데 가장 크게 일조한 분이라고 생각된다.

10 책임여행, 공정여행을 소개하는 여행사. http://www.goodtravel.kr/

남북 화해에 일조하기
남북관광 ___

남북 화해의 시작, 금강산 관광

1998년 11월, 한반도에서는 역사적인 사건이 일어났다. 분단 이후 최초로 남북 간의 대규모 민간인 교류가 이뤄진 것이다. 바로 금강산 관광이 시작된 것이다. 물론, 금강산 관광을 민간인의 완전한 자유 왕래라고 보기는 어렵다. 남측의 민간인만이 북측[1]의 통제되고 제한된 지역을 방문하는, 말 그대로 제한적인 왕래기 때문이다.[2] 그렇다 하더라도 체제 유지와 사상적 이유로 관광에 비판적이던 종래의 태도에서 북측이 벗어났다는 점, 또한 2000년 남북 정상회담의 초석을 다졌다는 점에서 금강산 관광은 매우 중요한 의미를 지닌다.

금강산 관광에서 얻은 수입으로 북측이 핵무기를 개발하는 등

| 금강산 지역에서 줄지어 이동하고 있는 관광버스들(사진 출처: 현대아산).

오히려 금강산 관광이 남북 관계에 악영향을 미쳤다고 폄훼하는 사람들도 있다. 서해교전 당시에는 무슨 한가하게 관광이냐며 금강산 관광 중단 압력을 넣기도 했다. 2012년 현재 금강산 관광은 민간인 관광객이었던 박왕자 씨 피살 사건 이후 계속 중단된 상태다. 하지만 북측과의 대화가 완전히 중단된 현재 상태를 냉철히 살펴보자. 정치적·군사적 문제로 금강산 관광이 중단되었다고 나아진 것이 있는가? 오히려 남북 관계는 어두운 터널을 지나고 있는 것으로 보인다. 현재의 냉각기가 지나고 남북 관계가 좋아져야 금강산 관광이 재개될 수 있을 것이라고 얘기하는 사람들도 있지만 내 생각은 다르다. 금강산 관광과 같은 남북 간 인적 교류는 남북 화해와 협력을 위한

금강산에서 북측 안내원과 담소를 나누는 필자. |

전제이자 선행 조건이다.[3] 이명박 정부는 북측에서 어느 정도 남북 화해에 대한 의지와 성의를 보여야 금강산 관광을 재개하겠다는 방침이지만, 그것은 전제와 진행 경과를 착각한 것이다. 지속적인 인적 교류 없이는 북측 또한 남측을 믿을 수 없을 것이기 때문이다.

금강산 관광은 여러 우여곡절을 겪고 있다. 지난 10여 년 동안 금강산 관광 사업과 관련해 많은 사건이 발생했다. 1999년 6월 20일에는 가정주부이자 한나라당 당원으로 알려진 금강산 관광객 민영미 씨가 북측에 5일간 억류되기도 했으며, 1999년 6월 15일 및 2002년 6월 29일 발생한 서해교전으로 보수 정당 및 언론에서 금강산 관광 중단을 촉구하기도 했다. 지난 2003년 4월에는 사스SARS의 북측 감염 방지를 위해 북측이 금강산 관광 중단을 요구하기도 했다. 한편으로는 2002년 4월부터 정부에서 학생, 이산가족, 국가유공자, 장애인 등에게 금강산 관광 경비를 지원해줌으로써 관광객이 급증하기도 했으며, 금강산에서 이산가족 상봉 행사를 개최해 금강산 지역이 남북평화의 상징으로 부각되기도 했다. 2004년에는 기존의 선박 운항에서 육로를 통한 이동으로 전환되었고, 2008년 박왕자 씨 피살 사건 이전까지는 금강산 관광이 활발하게 진행되었다.

남북관광의 새 도약, 개성 관광

사실 금강산 관광보다 북측 입장에서 통 크게 합의한 관광 루트는 개성 관광이었다. 개성 관광은 금강산 관광처럼 해로를 이용하다가 육로로 전환한 게 아니라 처음부터 육로 관광 형태로 진행되었다. 특히 개성은 서울에서 불과 한 시간 거리에 있는 상당히 가까운 도시다. 남북 간을 이동할 때 CIQ(세관, 출입국관리, 검역) 통관 시간을 제외하면 서울에서 일산이나 분당 등 수도권 외곽 신도시까지 걸리는 시간과 그리 차이가 나지 않는다. 이뿐만이 아니다. 개성 관광에서는 북측 민간인들이 살고 있는 공간도 둘러볼 수 있다. 체제 유지를 위해 남측 민간인과 북측 민간인이 다니는 장소를 철저하게 통제했던 금강산 관광과는 달리 개성에서는 남측과 북측 사람들이 함께 다니는 모습을 쉽게 볼 수 있었다.

개성은 개성공단을 통해 남북경협이 이뤄지는 공간이기 때문에

개성 관광을 위해 군사분계선을 넘고 있는 버스들(사진 출처: 현대아산).

그 의미가 더욱 크다고 볼 수 있다. 금강산 관광과 개성 관광이 남측 민간인의 일방적인 방문이라면, 개성공단에서의 남북경협은 남북 노동자가 함께 제품을 생산하는, 이른바 진정한 남북 통합의 첫걸음 이기 때문이다. 이렇게 개성은 관광을 넘어 경협이 이뤄지는 진일보 된 공간으로 자리매김하였고, 이런 이유로 개성 관광이 금강산 관광 보다 각광받았다.

하지만 이명박 정부 들어 금강산 관광과 함께 개성 관광까지 중 단되었다. 표면적으로는 북측에서 금강산·개성 관광 중단을 강요한 것처럼 보이지만, 여기에는 개성공단의 임금 개선 문제, 현대아산 직 원 억류 문제 등이 맞물려 있다. 이후 일련의 사건을 거치면서 급격히 냉각된 남북 관계는 현재까지도 금강산·개성 관광을 가로막고 있다.

| 개성 시내 모습. 도로 하나를 사이에 두고 남측 관광객과
북측 개성시민들이 한 공간에 같이 있는 모습을 볼 수 있다.

　　우리의 소원은 통일이라고 어려서부터 배워왔다. 그런데 이명박
정부의 행태를 보고 있노라면 과연 우리의 소원이 통일인지 분단인
지 헷갈릴 정도다. 현재의 냉각된 남북 관계를 볼 때 통일은 멀게만
느껴진다. 남북 화해와 상호 협력 과정이 지속되며, 남측이 북측을
이해하고, 북측이 남측을 거리낌 없이 받아들일 때 통일 이야기를 꺼
낼 수 있는 법이다. 또한, 한쪽으로 체제를 통합시키는 독일식의 흡
수통일도 옳지 않다. 독일은 급격한 흡수통일로 여러 후유증을 앓고
있다. 남북 간 거리감이 상당한 지금 남측도 북측도 흡수통일 방식을
원치 않고 있다.[4] 오히려 김대중 전 대통령과 김정일 국방위원장이

합의한 낮은 수준의 연방제 또는 연합 형태의 통일론이 설득력 있다. 1국가 2정부 2체제 형태의 통일을 이루고, 물적·인적 교류를 활발히 하는 것이 바람직하다.

그런데 지금은 인적 교류가 꽉 막힌 상태다. 대북 관광은 곧 대북 퍼주기이며, 관광비용이 북측의 군비 증강에 쓰이기 때문에 금강산 관광이나 개성 관광을 막아야 한다고 주장하는 이들에게 묻고 싶다. 금강산·개성 관광과 같은 인적 교류를 막고 다시 예전으로 돌아가면 남북 화해에 이바지할 수 있겠는가? 남북 대치 상황 때문에 징병되는 20대 젊은 청년들에게 미안하지도 않은가? 하다못해 남북 대치 상황으로 인해 소요되는 국방비를 절감해 사회복지 예산에 보탤 수 있어야 더욱 훌륭한 선진국가가 되지 않겠는가? 언제까지 남측은 선하고 북측은 악하니 상종 못할 것들이라고 생각할 것인가? 휴전선 남북에는 천사도 악마도 없다는 사실을 이제 깨달아야 한다.[5]

남북관광 재개와 정부의 역할[6]

지난 2009년 8월 현정은 현대그룹 회장이 방북해 체류 연장을 거듭한 끝에 김정일 위원장과 면담할 수 있었다. 이를 통해 억류된 현대아산 직원 석방, 금강산·개성 관광 재개 등의 큰 성과를 거뒀다. 하지만 현정은 회장의 방북은 2009년 클린턴 미국 전 대통령의 방북 및 미국 기자 석방과 대비되는 측면이 많다. 한 나라의 국민이 억류되어 있는 상황에서 국가가 적극적으로 나서기는커녕 기업가에게 직접 석방 요청을 하게 만드는 이런 상황을 어떻게 봐야 할까?

근본적인 문제는 금강산 관광 재개에 대한 의지를 이명박 정부에서 찾아볼 수 없었다는 점이다. 오히려 이명박 정부의 더욱 강경한 정책과 발언 때문에 남북 핫라인이 끊어지기도 했다. 게다가 개성공단 가동 중단으로 공단 내 기업들이 철수해야 하는 상황에서도 이명박 정부는 아무 대안을 내지 못했다. 도대체 이명박 정부가 이전 10년간의 대북 정책에 반대하며 새롭게 내세우는 정책은 무엇이란 말인가?

아마도 이명박 정부는 금강산 관광과 개성 관광을 대북 퍼주기라고 받아들이는 듯하다. 지난 2009년 7월 외신과의 인터뷰에서 이명박 대통령은 이전 정권 10년간 북에 지원된 막대한 자금이 북측의 핵무장에 쓰였다는 의혹을 제기한 바 있다. 현대아산 직원인 유성진 씨가 북측에 억류돼 있는 상황에서 쉽사리 이러한 발언을 하는 것 자체가 이해되지 않지만, 어쨌든 이는 금강산과 개성 관광을 바라보는 이명박 대통령의 시각을 단적으로 보여주었다. 이런 가운데 개성공단 실무자 회담은 적극적인 의지 없이 진행되었고, 클린턴 전 대통령이 방북해 억류되었던 자국 기자들의 석방을 진행하고 나서야 부랴부랴 현정은 회장을 앞세워놓고 그 뒤에 숨어 뒷짐 지고 바라보기만 한 것이다.

금강산 관광을 바라보는 현 정부의 인식이 전환되지 않는 한 금강산 관광 재개 문제는 쉽게 해결될 수 없다. 금강산 관광 같은 민간 대북 사업과 대규모 민간 교류 사업은 남북 화해와 상호 협력 정신을 길러내는 훈련장이다. 남북이 화해하고 상호 간에 신뢰가 쌓인 다음에야 비로소 금강산 관광을 재개할 수 있는 것이 아니라 금강산 관광을 재개함으로써 다시 남북 화해를 증진하고 서로 신뢰를 쌓아나갈 수 있는 길이 열리게 되는 것이다. 이명박 정부가 계속해서 전자의 사고방식을 고수한다면 금강산 관광은 남북 관계가 흔들릴 때마다 중단될 것이며 결국 민간 기업의 사업성은 악화되고 남북 관계는 더욱 위축될 수밖에 없다. 관광 사업이라는 것이 물적 교류보다 진일보된 인적 교류를 가능하게 해주기 때문에 남북 간의 화해와 협력에 도움을 줄 수 있다. 이는 과거 동독과 서독의 화합 과정에서도 그 선례를 찾아볼 수 있다.

이명박 정부는 먼저 대승적 차원에서 금강산 관광 재개를 선언하는 모습을 보여줘야 한다. 물론, 금강산 관광 문제가 단순히 재개 선언만으로 해결되지는 않을 것이다. 북측의 이해가 필요하고, 또한 박왕자 씨 피살사건에 대한 진상조사도 선행돼야 한다. 천안함 사태와 연평도 해전으로 걷잡을 수 없이 악화된 남북 관계를 개선하기 위해서는 양국 간의 대화와 물적·인적 교류가 재개되어야 한다.

꼬인 매듭을 풀 수 있는 쪽은 이명박 정부다. 이명박 정부는 4대강 살리기의 핵심 기능 중 하나가 관광·레저 기능이라고 선전하며 관광산업의 중요성을 주장해왔다. 그토록 관광산업을 중요하고 가치 있게 생각하는 정부라면 남북 화해와 협력에 이바지할 뿐 아니라 자연의 아름다움을 느낄 수 있는 생태관광이 결합된 금강산 관광이 얼마나 중요한 관광 사업인지 모를 리 없을 것이다. 정부는 정책의 일관성과 국가의 의무를 먼저 지킬 때만이 국민의 신뢰를 받고 악화된 남북 관계를 개선할 수 있다는 것을 명심해야 한다.

[참고] 남북 연계를 위한 교두보, PLZ 여행

남북 교류와 평화를 상징하는 관광지로 북측에 개성과 금강산이 있다면, 남측에는 DMZ(demilitarized zone)가 있다. 비무장지대인 DMZ는 군사분계선 남북 쌍방 2킬로미터 지역으로 유엔군 군사정전위원회가 관리하는 지역이다. 그런데 DMZ라는 말 자체가 단절, 폐쇄, 상처 등의 부정적 의미를 내포하고 있어 평화와 생명을 주제로 상호 소통, 수용과 포용, 안정과 균형 등의 내용을 담아낼 수 있는 새 이름에 대한 필요성이 제기되었다. 그리하여 문화체육관광부와 한국관광공사는 PLZ(Peace & Life Zone)라는 새 용어를 만들어냈다. PLZ는 남북 화해 및 교류의 장으로서 분단의 아픔을 극복하게 될 한반도의 중심지이자 남북 교류의 전진기지를 의미한다.[7]

PLZ 지역은 북측과 인접한 열 개 지자체를 아우른다. 인천광역시 옹진군, 강화군, 경기도 파주시, 김포시, 연천군, 강원도 철원군, 화천군, 양구군, 인제군, 고성군 등이 그 대상이다. 관광 테마가 평화와 생명이기 때문에 전쟁과 분단을 주제로 한 기존의 관광보다는 훨씬 진일보되었다고 볼 수 있다. PLZ 관광자원화 방안 연구보고서는 다음의 네 가지 주제를 권장하고 있다.

첫째, PLZ 지역인 파주, 연천과 북측의 개성을 엮은 권역의 '분

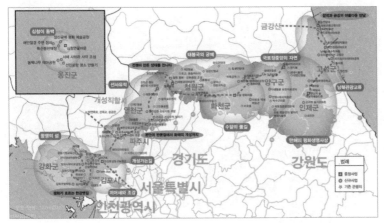

PLZ 관광자원화 주제도면(출처: 한국관광공사).

단의 판문점에서 화해의 개성까지'다. 세부적인 여행 스토리로는 개성 관광이 한반도 역사 회복의 의미를 지닌다는 점, 도라산역과 신탄리역은 철마가 달리지 못하는 마지막 역이라는 점, 전곡리 석기는 고고학 이론을 뒤바꾼 역사적인 장소라는 점 등이 강조된다.[8]

둘째는 옹진, 강화, 김포를 엮은 권역의 '평화가 흐르는 한강 뱃길'이다. 한강을 중심으로 하는 남북의 갈등과 화해, 그리고 한강이 현대사에서 갖는 의미 등을 통해 남북 평화에 있어서 서해 접경 지역의 상징성에 초점을 둔 것이다. 세부적인 여행 스토리로는 서해 접경 지역은 2차 남북 정상회담에서 획기적인 합의가 있었던 곳이라는 점, 김포 한강 하구는 강 한가운데가 군사분계선이라는 점, 심청이의 민족성을 복원하는 일이 바로 평화의 첫걸음이라는 점, 강화해협은 탱자나무를 통해 외적을 막은 우리 조상의 지혜와 의지를 엿볼 수 있

| 철원 평화전망대까지 올라갈 수 있는 모노레일.

| 화천 지역에 설치된 평화의 댐. 분단이 낳은 기괴한 설치물이다.

는 곳이라는 점 등이 강조된다.[9]

셋째는 철원, 화천, 양구를 엮은 권역의 '전쟁이 만든 생태를 만나다'이다. 드넓은 평원과 산악지형에 걸쳐 있는 비무장지대의 생명자원, 그리고 전쟁과 분단으로 인해 인위적으로 만들어진 남다른 생태자원이 볼거리다. 세부적인 여행 스토리로는 PLZ 지역에서는 사라져가는 우리의 동물들을 볼 수 있다는 점, 비무장지대와 인접 지역에서는 우리나라 고유종과 희귀종 민물고기가 많이 발견된다는 점, 지뢰밭에서 자라고 있는 나무들의 특징을 살펴볼 수 있다는 점, 금강산댐 탓에 북한강 생태계가 변하고 있다는 점 등이 강조된다.[10]

마지막은 PLZ 지역의 인제, 고성과 금강산 지역인 고성군 온정리를 엮은 권역의 '설악과 금강의 아름다운 만남'이다. 남북 교류가 최초로 이뤄진 지역이라는 특성과 아름다운 해안 경관 자원, 설악과 금강의 의미 등에 초점을 둔 것이다. 세부적인 여행 스토리로는 금강산 관광은 민간인의 남북 교류가 이뤄진 최초의 관광이라는 점, 설악과 금강에는 동일한 지명이 많다는 점, 만해의 사상은 평화생명지대의 개념을 대변한다는 점 등이 있다.[11]

1 우리는 조선민주주의인민공화국이라는 명칭 대신 '북한'이라고 부르고, 북측 역시 대한민국 대신 '남조선'이라는 호칭을 사용한다. 하지만 이 책에서는 남북 교류에 있어서 서로를 이해·인정하고 자집단 중심적인 언어 사용을 탈피하자는 차원에서 남한을 '남측', 북한을 '북측'이라고 표기했다.

2 이종석, "금강산 관광이 민족화해에 미치는 영향", 민족화해협력범국민협의회, 《민족화해와 남남대화》, 한울 아카데미, 1998.

3 서동만, "금강산 관광사업은 남북 정부간 관계 개선에 기여할 것인가?", 1999.

4 "남북한, 독일식 통일 원치 않아", 《연합뉴스》 2010년 10월 12일 자.

5 리영희, 《반세기의 신화: 휴전선 남북에는 천사도 악마도 없다》, 삼인, 1999.

6 정란수, "이명박 정부가 나서서 금강산 관광 재개를 선언하라—현정은 회장 뒤에 숨는 현 정부의 비겁함을 비판하며", 《오마이뉴스》 2009년 8월 13일 자.

7 한국관광공사, "평화생명지대PLZ 관광자원화 방안", 2008.

8 '분단의 판문점에서 화해의 개성까지'의 구체적인 여행 스토리는 다음과 같다. ① 개성 남북 도심 교류 관광은 남쪽의 백제, 신라, 조선의 역사와 북쪽의 고구려, 고려의 역사가 만나 한반도의 모든 역사가 통합되는 교두보 역할을 담당하고 있으며, 한국전쟁 이후 남과 북으로 나뉜 반도의 역사성이 회복된다는 큰 의미를 가지고 있다. ② 외국인의 시선으로 바라본 한국의 관광 매력 요소 네 가지 중 개성 관광과 김치(연천 특산물)가 PLZ 지역에 포함돼 있다. 이 지역은 인천공항이 인접해 있어 PLZ 자체가 인천공항에서 출발해 개성 연계 관광, 연천 김치 등 외국인들이 한국의 매력을 볼 수 있는 상징적 지역이라 할 수 있다. ③ 파주 도라산역과 연천 신탄리역은 현재 남북 대립으로 종단된 경의선과 경원선의 남측 최북단 역이지만, 향후 중국횡단철도TCR, 시베리아횡단철도TSR 등과 연결해 중국, 시베리아, 유럽 등 세계를 잇는 철도의 출발역이 될 것이다. ④ 아무도 주의 깊게 보지 않던 연천 전곡리 강가의 돌이 애인과 한탄강 유원지를 데이트하던 한 미군의 고고학 지식 덕분에 세계 고고학계의 주목을 받게 되었다. 이는 인류의 기원은 유럽과 아프리카라는 모비우스 이론을 뒤바꾸는 계기가 되었다. 또한 세계 고고학 지도에 '전곡리'란 지명이 등재되었다.

9 '평화가 흐르는 한강 뱃길'의 구체적인 여행 스토리는 다음과 같다. ① 백령도, 대청도 등 서해 5도와 한강 하구 지역을 대상으로 하는 서해평화협력특별지대는 10.4 남북공동선언 제5항의 사안으로 백령도, 대청도, 소청도 인근의 공동어로수역/평화구역과 남북이 인접한 한강 하구 공동 이용 등을 주 내용으로 한다. 이는 남북 서해 평

화를 위한 첫걸음이라 할 수 있다. ② 김포가 위치한 한강 하구에 흐르는 강줄기는 정전협정상 남북 어디에도 포함되지 않은 지역으로 양쪽 강안이 북방한계선NLL과 남방한계선SLL이 되고, 강의 한가운데가 군사분계선MDL 역할을 한다. 이곳은 민간 선박의 항해가 허용된 지역으로 남북이 맞닿고 있는 지역 중 유일한 평화 공존의 장소다. ③ 우리나라 대표 전래소설인《심청전》의 주 무대는 북측의 황해도 내륙 황주 지역이며 심청이가 인당수에 빠지고 환생하는 대목의 무대는 남측의 백령도로, 그 무대가 남북으로 나뉘어져 있어 직접 가볼 수 없는 아픔이 존재한다. ④ 줄기의 가시 때문에 귀신도 못 뚫고 온다는 탱자나무 울타리가 있었던 강화도지만, 이제는 천연기념물이 된 탱자나무 한 그루가 강화역사관 앞에 외로이 서 있을 뿐이다. 하지만 탱자나무를 심어 외적의 침입을 막고자 했던 조상들의 지혜와 의지를 헤아려볼 수 있다.

10 '전쟁이 만든 생태를 만나다'의 구체적인 여행 스토리는 다음과 같다. ① 50여 년간 사람의 손길이 닿지 않은 비무장지대에는 멸종위기종인 사향노루, 삵, 수달, 재두루미 등이 발견된다. ② 역시 사람의 손길이 닿지 않은 비무장지대와 그 인접 지역의 물줄기는 민물고기가 서식하기에 최고의 수질을 갖추고 있다. ③ 뿌리 밑에 지뢰가 있는 나무는 지뢰가 생육을 방해해 굵은 줄기가 만들어내지 못한다. ④ 강폭보다 훨씬 넓은 모래톱과 습지가 형성되었고, 띠처럼 단계적으로 형성된 개망초, 버드나무 군락 등이 조성되었다. 내성이 약한 토종 어종들이 점차 사라지고 환경 변화에 강한 외래 어종이 늘어나는 등 생태계에 변화가 나타나고 있다.

11 '설악과 금강의 아름다운 만남'의 구체적인 여행 스토리는 다음과 같다. ① 1998년 11월 13일 크루즈 관광으로 시작된 금강산 관광은 민간인의 공식적인 남북 교류가 시작된 관광 상품으로 관광을 통해 남북한 대립을 완화한다는 상징성을 띤다. 2001년 육로 관광이 시작되었고 내금강코스 등 다양한 코스가 개발되어 새로운 볼거리를 제공하고 있다. ② 태백산맥의 대표적인 산인 설악산과 금강산에는 구룡폭포, 귀면암, 천불동계곡 등 동일한 지명을 가진 곳이 많은데, 이렇게 동일하게 불리게 된 이유를 알아보면서, 설악과 금강이 남매이듯 남과 북이 하나라는 의미를 되새겨본다. ③ 대표적인 독립운동가인 만해 한용운의 독립운동 정신에는 '평화'가 그 중심에 있었다. 또한 그가 몸담았던 불가의 사상은 모든 '생명'에 대한 평등을 설파하기에 만해의 사상을 배우고 참선함으로써 평화생명지대PLZ의 의미를 깨달을 수 있다. ④ 사색 여행의 진수는 가장 짙은 어둠을 지나 새벽의 해가 떠오르는 순간이다. 어둠이 짙을수록 일출의 장엄함은 커지는데, 그것을 가장 잘 가르쳐주는 곳이 고요한 고성 지역 해안의 여명이다.

part 03

더 즐거운 여행을
위한 개념 싣기

4대강 사업이
관광 발전에 도움을 줄까?[1]

4대강 사업, 관광·레저 발전에 기여하다?

4대강 사업은 이명박 정부의 중점 시책 중 하나다. 이명박 정부가 초반에 추진하려 했던 한반도 대운하의 축소판이나 연장선 아니냐는 의혹의 눈초리를 받으면서도 추진을 강행하고 있는 4대강 사업. 과연 이 4대강 사업은 관광·레저 발전에 기여할 수 있을 것인가?

이명박 정부는 4대강 살리기 사업이 관광·레저 발전에 크게 공헌할 것이라고 지속적으로 홍보해오고 있다. 4대강 살리기 사업을 추진하고 있는 '4대강 살리기 추진본부'의 공식 홈페이지 '4대강 살리기'를 살펴보면 관광·레저 발전에 있어서 4대강 살리기 사업의 중요성을 어렵지 않게 찾을 수 있다. 한반도 대운하를 전파했던 박석순

교수는 '4대강, 잃어버린 강의 기능 되살려야'라는 글에서 다음과 같이 이야기한다.

> 낚시·수영·요트 등 강가에서 여가를 즐기는 위락 기능이다. 지금까지 4대강은 우기에는 물이 넘치고 건기에는 말라 있기 때문에 위락 기능을 다할 수 없었다. 강의 둔치 또한 여가 공간 대신에 농경지로 사용해왔고, 그 결과 이곳에 뿌려지는 비료와 농약이 현재 수질 오염원의 큰 부분을 차지하게 됐다.[2]

4대강 살리기 정책 블로그에도 관광·레저 발전에 관한 글들이 많이 올라온다. 모두가 4대강 살리기 사업을 통해 문화관광 사업이 발전하게 될 것이라는 견해의 글들이다. 일례로 이준원 충남 공주시장은 금강 살리기에 대해 다음과 같이 이야기한다.

> 지역 입장에서는 문화관광, 레저 인프라 구축에 대한 기대도 크다. 금강의 친환경 개발 사업이 진행되면 금강을 중심으로 하는 백제문화권 관광지 개발 사업도 탄력을 받을 것이다. 부여의 백제역사재현단지, 공주의 곰나루 관광지 등은 금강변과 인접해 있어 이를 연계하는 새로운 테마관광이 가능해질 것으로 본다.[3]

이뿐만이 아니다. 문화체육관광부에서는 '4대강 선형관광자원 개발 수립'과 '강변 문화관광 개발계획' 등을 통해 많은 예산을 들여

4대강 사업에서 건설되는 각종 보의 모양은 일반 공모를
통해 선정되었다(출처: 4대강 살리기 정책 블로그).

강변 개발 사업을 추진하고 있다. 특히, 강변 문화관광 개발계획은 이
미 선도 사업으로 십여 개 지역을 선정하여 2012년 예산을 반영해 강
변 관광지 개발을 시행하고 있다. 최근에는 낙동강 등에 수변생태공
간을 개발하기 위해 국토해양부가 또다시 막대한 예산을 투입할 계
획을 갖고 있다고 한다.[4]

4대강 사업과 한반도 대운하

사실 이명박 정부는 4대강 사업 이전부터 강을 이용한 관광·레저 발
전 논리를 주장해왔다. 바로 한반도 대운하 사업에서 말이다. 2008년

2월 4일에도 이명박 당시 대통령 당선인은 신중목 한국관광협회장 등 관광업계 인사들과의 간담회에서 두바이는 사막을 파서 운하를 만든다고 역설했으며, 이에 신 협회장은 대운하가 혁신적인 관광 인 프라를 제공할 수 있을 것이라고 화답하기도 했다. 특히, 한반도 대 운하에 대한 공개 설명 자료 중 가장 구체적인 자료인 《한반도 대운 하는 부강한 나라를 만드는 물길이다》는 '747 레인보우 관광벨트'라 는 명칭으로 한반도 대운하 주변 관광권역을 설정하였고, 한반도 대 운하가 관광에 미치는 순기능을 구체적으로 기술하기도 했다.[5]

한반도 대운하 사업이 주장하는 관광산업 발전 논리는 그동안 우리에게는 매력적인 관광자원이 많이 없었는데 운하라는 큰 매력 요소를 통해 외래 관광객을 유치할 수 있다는 것이다. 그러면서 예시 한 대운하 가상 여행 일정은 다음과 같다. 1일차에 여의도 여객터미 널에서 출발하여 충주에 도착, 정부에서 추진 중인 동양의학단지에 입촌해 숙박한다. 2일차에는 보트 리프트에서 영상 관람 후 세 시간 후 문경에 도착해 조수미 콘서트를 보고 밤 10시에 대구에 도착한다. 3~4일차에는 요트 및 크루즈를 이용해 구미 박정희 기념관, 고령 가 야 고분, 창녕 우포늪, 함안 및 의령의 3대 재벌 창업주 생가 방문 등 주변 관광지를 둘러본다.[6]

그런데 뭔가 이상하다. 왜 그토록 매력적이라는 대운하 자체가 아니라 각 지역에서 이미 진행하거나 추진하고 있는 관광 계획을 사 례로 드는 것인가? 동양의학단지, 조수미 콘서트, 가야 고분, 우포늪 등 보트 리프트를 제외하고는 사실 운하와 별로 상관없는 관광자원들이다. 실제로 한반도대운하연구회는 운하 관광의 성공 사례로 미국 체세피크-델라웨어 운하, 독일 뒤스부르크 내륙항만, 영국 유니온 운하 등을 꼽았다. 그런데 흥미로운 것은 그 성공 사례라는 것이 운하 자체의 매력보다는 운하 주변의 복합공연예술센터, 전시장 및 공업디자인센터, 에딘버러 페스티벌 등 주변 지역 관광자원의 매력에 기인한다는 점이다.[7]

우리는 무엇을 보기 위해 해외여행을 떠나는 걸까? 대개는 뛰어난 자연경관을 감상하거나 그 지역만의 독특한 문화를 느끼기 위해서가 아닐까? 그렇기 때문에 우리는 그랜드캐니언과 발리 섬으로 떠나고 파리와 로마로 향한다. 물론 독일이나 영국 혹은 네덜란드에 가서 운하에서 유람선을 탈 수도 있다. 그런데 중요한 사실은 그 유람선 때문에 그 지역을 방문하려는 건 아니라는 점이다.

한국관광공사가 실시한 '외래 관광객 실태조사' 결과에 따르면 외래 관광객의 한국 여행 동기는 '한국 음식을 맛보고 싶어서', '거리가 가까워서', '한국에 대해 알고 싶어서', '여행 비용이 저렴해서' 등의 순으로 나타났다.[8] 이와 반대 경우인 '국민 해외여행 실태조사'를 보면 한국인이 해외여행 시 참가하는 활동은 자연·명승·풍경 관람, 도시 구경, 쇼핑, 사적지 방문, 유흥·오락·보신, 민속행사·축제 참가 등의 순으로 나타났다. 외국인 관광객이든, 한국인 해외관광객이든 알고 싶은 것은 곧 그 나라의 자연과 문화인 것이다.[9] 이를 두고 운하 옹호론자들이 운하가 곧 자연이며 문화라고 주장한다면 더 이상 할 말이 없다. 하지만 운하가 없는 지금도 한국에는 자연도 있고

관광객의 발길이 끊이지 않는 이탈리아 피렌체 광장. 주민들이 생활하는 모습과 노천카페, 광장을 돌아다니는 마차 등 지역의 문화가 그대로 관광거리가 되었다.

문화도 존재한다.

물론, 운하가 관광 매력 요소를 증진할 수 있다는 데는 동의한다. 여러 가지 관광 활동 중 우리가 그동안 물을 제대로 활용하지 못한 것은 사실이다. 하지만 대운하를 통하여 중국 관광객 1천만 명이 우르르 몰려올 수 있으며, 다양한 교통수단 확보로 국민 국내관광이 증진될 수 있다는 주장은 사기에 가깝다. 운하는 관광 '인프라'의 역할을 하는 것일 뿐 결국 관광객을 끌어들일 수 있는 요인은 주변 관광 자원에 달려 있다. 따라서 대운하 건설 비용에 관광지 개발 비용을 합산한 것이 아니라면, 주변 지역 관광지 개발에 따른 편익을 대운하 개발에 따른 편익이라고 주장해선 안 된다.

한반도대운하연구회는 수변 공간의 관광자원화로 자전거도로와 수변 공간 관련 시설을 들었다. 그런데 수변 공간 관련 시설로 예를 든 것이 박물관, 미술관, 과학관, 전시관 등 현재 서울에도 많이 개발 돼 있는 시설들이다. 과연 이것을 대운하 개발에 따른 관광자원이라고 이야기할 수 있을까?

우리나라 관광산업은 무엇이 문제일까? 우선 외래 관광객들이 가장 불편해하는 것은 무엇일까? 매력적인 수변 공간이 없다는 것일까? 아니면 수로를 활용한 교통시설이 없다는 것일까? '외래 관광객 실태조사'를 살펴보면 언어 소통 불편, 비싼 물가, 교통 혼잡, 부정확한 안내표지판, 상품 강매 등의 순으로 나타났다. 대부분 관광안내체계 등 관광 인프라의 문제와 여행 경비에 대한 문제다. 현재로서는 외국인 관광객들이 보다 관광하기 편하게 만드는 것이 급선무다.[10]

4대강 사업으로 수익을 창출하겠다고?

4대강 사업으로 선회한 지금도 마찬가지다. 정부는 막대한 비용이 들어가는 4대강 사업의 수익 창출 방안으로 관광자원과 친수성을 융합한 관광복합단지 조성, 하천 부지를 활용한 수변레저시설 조성, 경관이 수려한 지역의 소형 친환경 빌리지 조성 등을 제시하고 있다.[11] 특히 한나라당 대구 달성병 국회의원인 조원진 의원은 '에코 워터 폴리스' 건설 계획을 발표했는데, 이는 낙동강변에 수변 디즈니랜드와 크루즈 카지노, 경정 경기장 등을 개발하겠다는 계획이다. 이러한 계획들은 결국 4대강 사업만으로는 대규모 투자에 비해 수익이 적어 사업성이 없다는 것을 반증하는 것이다.

이명박 대통령은 한반도 대운하 사업 때부터 시민사회단체나 야당에서 사업성에 문제를 제기하면 어김없이 수상 및 수변 관광자원 개발로 인한 관광객 유치를 대안으로 제시해왔다. 관광객 유치로 인한 수익 창출 논리는 각종 정부 정책에 활용되는 단골 레퍼토리다. 새만금 간척사업의 농지 활용성이 의문시 되자 새만금 국제관광단지 건설을 내세울 때도 마찬가지였다.

4대강 사업도 역시 예외가 아니었다. 하지만 정부가 내놓은 대안이 과연 실효성 있는 것일까? 먼저, 외국인 카지노 도입으로 4대강 사업에 수익을 창출할 수 있다는 주장을 살펴보자. 사실 이것이 가능하려면 외국인 카지노 사업이 카지노 및 호텔 건설에 투자된 비용을 충당하고도 4대강 사업의 적자를 메꿀 수 있을 정도로 상당히 수익성이 높아야 한다. 게다가 초기 대규모 투자에 따른 금융 비용도 감당할 수 있어야 한다. 한나라당 국회의원들은 외국인 카지노가 강원랜드 같은 내국인 카지노처럼 대단한 수익을 창출할 수 있다고 생각하는 듯하다. 하지만 그렇지 않다. 전국적으로 총 16개의 외국인 카지노가 있다. 수도권에 4개, 내륙권에 4개, 그리고 제주도에 8개가 운영되고 있지만, 현재 수도권을 제외하고는 수익을 내고 있는 카지노 운영업체가 거의 없다.

외국인 카지노와 함께 언급되는 디즈니랜드 같은 대규모 테마파크도 마찬가지다. 수도권을 제외한 지방의 테마파크는 계속 적자 운영 상태다. 4대강 살리기 사업의 적자를 메꿀 수 있는 수익은 고사하고, 4대강 살리기 사업의 부속 사업 성격이라 할 수 있는 외국인 카지노와 대규모 테마파크가 오히려 더 적자 폭을 늘릴 수 있다. 관광시설은 지역 인구가 사는 곳과 멀어질수록 수요가 줄어들게 돼 있다. 즉, 관광 수요와 거리는 반비례한다. 지방의 인구는 점점 줄어들고 수도권에 집중되는 현재의 구조에서는 이러한 현상이 심화되면 심화되지 결코 완화될 수는 없다.

외국인 관광객 유치 문제만 해도 그렇다. 현재 외국인 입국의 주요 경로이자 외국인 관광 수요가 상대적으로 많은 수도권 이외의 지역은 외국인 관광객을 대규모로 유치하기가 쉽지 않다. 이유는 간단하다. 외국인 관광객들이 단순히 카지노, 경정장 등의 도박 시설 때문에 관광지를 선택하는 것은 아니기 때문이다.

제주도의 경우 외국인 카지노의 적자 폭이 심해지자 최근에는 내국인 관광객 전용 카지노 유치에 발 벗고 나서고 있다. 지역 주민이 아닌 관광객만 입장할 수 있는 카지노를 도입하자는 것이다. 이런 말이 나온다는 것 자체가 수도권 이외 지역의 외국인 카지노로는 관광 수요 창출을 기대할 수 없다는 것을 반증한다. 상황이 이런데도 4대강 사업을 살리자고 외국인 카지노나 경정장을 도입하자는 발상은 사행산업의 폐해는 논외로 하더라도, 단순하고 무지한 발상이 아닐 수 없다.

이명박 대통령은 지난 2009년 10월 19일 라디오 연설에서 볼쇼이 극장에 갔던 일화와 외국 CEO들이 서울에 오페라하우스 같은 문화시설이 있느냐고 물었던 일화를 소개하며 다시금 4대강 사업과 문화시설과의 연관성을 제기했다.

저는 4대강이 만들어지면 그 주위에 따라서 많은 문화적 시설이 만들어질 것이라 생각합니다. 여기에는 투자도 필요합니다. 내년 문화체육관광부 예산이 사상 처음 3조원을 넘어설 것으로 전망됩니다. 전체 예산 증가율에 비하면 무려 배나 되는 20퍼센트가 늘어났습니다. 물론 예산만 늘린다고 해서 바로 문화국가가 되는 것은 아닙니다. 다행히 각 지방자치단체에서도 이러한 일에 관심을 두고 있고, 기업들도 많은 노력을 하고 있습니다.

결국 4대강 사업의 수익 창출을 위한 각종 문화관광단지의 개발을 간접적으로 언급하고 있는 것이다. 단순히 시설 개발로 지역 문화를 일으키겠다는 발상은 이미 여러 농산어촌 지역에서 예산만 허비하고 실패한 바 있는 구시대적 발상이다. 진정 문화국가를 원한다면 4대강 사업과 별개로 각 지역의 문화부터 계승하고 보전할 수 있도록 해야 한다. 이명박 대통령이 언급한 볼쇼이 극장, 오페라하우스 등의 대규모 시설 투자도 중요하지만, 그에 앞서 지역의 소소한 하드웨어 개발과 소프트웨어 개발, 그에 맞는 인적 자원의 교육과 육성, 그리고 수도권 집중화에서 벗어나 지역 인구를 늘어나게 하는 것이 무엇보다 필요하다.

대규모 문화시설 도입의 상징적 모델이 바로 빌바오에 있는 구겐하임 미술관이다. 소도시인 빌바오를 세계적인 문화도시로 이름나게 한 구겐하임 미술관은 연간 3백만 명이 넘는 관광객이 찾는 명소다. 소위 문화관광 전문가라는 사람들이 우리나라에도 구겐하임 미술관 같은 것을 만들자고 주장하지만, 이미 다른 나라에서도 구겐하임 미술관의 성공을 보고 대규모 투자를 진행했다 실패한 경우가 적지 않다. 여건과 상황이 다르기 때문에 똑같은 형태로 개발한다고 똑같은 효과를 낼 수 있는 것은 아니다.

몇 해 전 디즈니랜드나 유니버설 스튜디오 같은 해외 대규모 테마파크를 우리나라에 유치하고자 시도한 바 있었다. 하지만 수익성을 이유로 지방은 애초에 배제되었으며, 수도권에서도 토지 이용 특례, 테마파크 시설 외 복합상업시설 건축과 골프장 분양 등 요구가 상당히 까다로워 무산되었다. 물론 수익에 대한 과욕도 있었겠지만, 이는 대규모 문화관광시설의 경우 초기 투자 금액이 상당히 크기 때문에 운영을 통한 수익 창출이 그만큼 어렵다는 점을 반증한다. 그래서 대부분 토지나 건물을 개발한 후 분양을 통해 금융 비용을 충당하는 형태로 진행되는 것이다.

4대강 사업을 대규모 관광시설과 연계하겠다는 발상은 결국 주변 지역 부동산 사업으로 이어질 것이고 지가 상승을 초래할 것이다. 4대강 살리기 사업이 결코 관광산업 살리기가 될 수 없는 이유가 여기에 있다.

1   본 글은 졸고 "4대강 사업 수익 창출을 위한 카지노 도입의 허구성"(《오마이뉴스》 2009년 10월 19일 자) 및 "한반도 대운하가 곧 관광산업 발전이라는 사기는 이제 걷어 치우자"(《온라인 한겨레》 2008년 2월 4일 자)를 수정·보완해 작성했다.

2   4대강 살리기 공식 홈페이지(http://www.4rivers.go.kr).

3   행복4강 블로그(http://blog.daum.net/4kang42).

4   사실 이 같은 강변 개발은 이명박 대통령의 전유물이 아니다. 오세훈 전 서울시장 재임 시절 서울시는 '한강 르네상스'라는 명목하에 한강을 거침없이 개발하기 시작 했다. 서울부터 인천까지 배가 다닐 수 있도록 개발한 경인운하 사업이 대표적 예 다. 사업 초기에는 굴포천 치수사업이라고 국민들을 속여 놓고 결국 이미 파놓은 땅 이니 경인운하로 개발하자며 원래 속셈을 드러내는 모습이 4대강 사업의 모양새와 다르지 않아 보인다.

5   한반도대운하연구회, 《한반도 대운하는 부강한 나라를 만드는 물길이다》, 경덕출 판사, 2007.

6   앞의 책.

7   앞의 책, 554쪽.

8   한국관광공사, 《2006 외래 관광객 실태조사》, 2007.

9   한국관광공사, 《2005 국민 해외여행 실태조사》, 2006.

10   한국관광공사, 《2006 외래 관광객 실태조사》, 2007.

11   "카지노 건설이 4대강 사업인가?", 《위클리경향》 846호, 2009.

외국 관광지를 벤치마킹하라?

호박에 줄 긋기

1988년 서울올림픽 이후 해외여행이 자유화되고 국제 교류가 증가하면서 해외여행이 폭발적으로 증가하고 있다. 그러다 보니 외국에 가서 좋은 것을 보고 온 사람들이 많아졌다. 인터넷만 살펴봐도 전문 여행 작가 못지않은 수준의 해외여행 후기가 담긴 블로그들을 심심치 않게 볼 수 있다. 그만큼 우리는 직간접적으로 외국의 문화유산과 수준 높은 관광자원들을 볼 기회가 많아졌다.

많은 이들이 우리나라도 외국처럼 멋진 관광자원을 가졌으면 좋겠다고 이야기한다. 스페인 빌바오의 구겐하임 박물관, 프랑스 라데팡스의 멋진 거리, 이탈리아 로마의 콜로세움과 도시 곳곳에 위치한

프랑스의 신도시인 라데팡스. 새롭고 화려한 건축물과 독특한 거리 때문에 새로운 관광명소로 자리매김하고 있다.

고대 유적, 미국 라스베이거스의 호텔 카지노 단지, 아랍에미리트 두바이의 버즈 알 아랍 호텔 등 외국에는 멋진 건물과 화려한 관광지가 즐비하다. 우리나라에도 그처럼 멋진 관광자원이 있다면 굳이 외국에 나갈 필요도 없어지고, 수많은 외래 관광객을 유치할 수 있지 않겠느냐고 이야기한다.

이러한 이야기는 정치인이나 지방자치단체장들의 단골 레퍼토리다. 선거철만 되면 지역에 내로라하는 랜드마크를 세우고 가장 멋진 관광지로 만들어 보이겠다고 이야기들 한다. 부존자원이 없고 재정자립도가 극히 낮은 지방 군소 도시일수록 관광객을 유치해 지역을 발전시키겠다는 사탕발림이 더욱 심하다.

지난 노무현 정부 때 한창 추진했던 관광레저도시(관광레저형 기업도시)는 두바이나 라스베이거스 등 대규모 복합 관광단지를 벤치마킹 대상으로 삼았는데, 이는 앞서 말한 허장성세형 관광지 개발 공약과 다를 바 없었다. 이명박 정부 들어서도 두바이를 벤치마킹해 새만금 국제관광단지를 개발하자고 했지만, 두바이 신화가 몰락하자 언제 그랬냐는 듯 현재는 두바이 이야기가 쏙 들어간 상태다.

문제는 관광지 개발에 접근하는 방식이다. 우리나라의 정치·경제 상황과 사회문화적 환경은 전혀 고려하지 않은 채 눈에 멋져 보이는 것만 개발하면 우리도 관광객을 많이 유치할 수 있을 것이라는 환상에 사로잡히기 일쑤다. 하지만 실상 외국 관광지를 벤치마킹해 개발한다고 해서 똑같은 효과를 누릴 수 있는 것도 아닐뿐더러 자금력이 부족해 개발 중 계획이 변경되거나 중단되는 사례도 적지 않다.

예컨대 서남해안 관광레저도시는 애초 내국인 카지노단지, 각종 수상위락시설, 대규모 골프장, F1 경기장 등이 들어서는 우리나라 최대의 관광 테마 도시로 구상되었다.[1] 하지만 수도권과의 거리 문제, 외국인 관광객 유치를 위한 국제적 교통수단 미비 등의 이유로 사업 타당성이 부족하고 파급효과 또한 미미하다는 사업성 분석 결과가 있어 원안을 대폭 수정해야만 했다.[2] 그리하여 최소한의 개발 비용을 들여 관광객 유치 효과를 낼 수 있는 허브파크, 대단위 국민휴양단지, 퍼블릭 골프장, 야외 스포츠레저단지 조성 등으로 계획이 변경되었고, 그마저도 주간사업자였던 금호산업이 관광레저도시 사업을 포기하는 등 우여곡절이 그치지 않고 있는 실정이다.

"호박에 줄 긋는다고 수박 되나"라는 우스갯소리가 있다. 호박은

해남·영암 지역 관광레저도시 조감도.
각종 대규모 관광레저시설 조성이 계획돼 있었다(출처: 문화체육관광부).

사업성 미비로 대폭 수정된 영암 삼호지구 관광레저도시 조감도(출처: 서남해안레저).

호박 나름대로의 매력이 있는데, 그 위에 줄만 그으면 수박처럼 멋을 낼 수 있겠지 하고 예상하는 미련한 행동이 바로 대한민국 관광지 개발에서 일어나고 있다. 일반인들이야 해외여행에서 멋진 관광지를 보고는 부러운 마음에 '우리나라에도 이렇게 멋진 관광지가 있었으면' 하고 바랄 수도 있다. 그런데 소위 전문가라는 사람들이 왜 외국 관광지 모방에만 열을 올리는 것일까?

최근 국내에서 활동하는 주류 관광개발 전문가들은 북미권 유학파가 다수다. 그들은 곧잘 유학 시절에 경험했던 관광개발 프로젝트나 북미권의 관광개발 풍토를 국내에 적용하려고 한다. 북미권에서는 지역 복지 측면에서 관광·레저 자원 개발에 접근하는 경우가 많다. 그러다 보니 큰 수익이 나지는 않더라도 지역 주민이나 방문객을 위해, 또는 여러 정치적 이유로 개발이 이뤄져 왔다. 우리는 어떠한가? 지방의 재정자립도가 열악하기 때문에 수익성을 고려하지 않고 복지적 측면에서만 접근하는 것은 현실에 맞지 않다. 관광지 개발의 전제 자체가 다른 것이다. 그럼에도 많은 해외파 전문가들은 자신이 봐온 것을 우리나라에 적용하려고 무던히도 애를 쓴다.

관광 전문가의 주체적인 사고 부족도 여기에 한몫한다. 관광 전문가가 지역을 개발하려면 먼저 그 지역에 대한 철학이 있어야 한다. 관광 전문가들은 외국 관광지를 벤치마킹하기에 앞서 개발하고자 하는 지역의 상황을 확실히 이해하고 있어야 한다. 현재의 지역 상황과 자원, 그리고 가용 가능한 인력 구조를 생각하고 지역에 합당한 관광지 개발을 실시해야 한다. 벤치마킹이란 단순히 외국의 관광지를 모방하는 것이 아니라 우리 상황에 맞게 한층 발전시키는 것을 의미한다. 이명박 대통령이 늘 이야기하듯 단순히 '왜 우리는 외국의 그런 것을 못 만드나'라고 할 만한 문제가 아니라는 것이다.

왜 외국 사례에 집착하나

관광지 개발계획을 발주하는 정부와 지자체, 관광기업들은 계획 보고서에 외국의 선례를 적어달라고 당부한다. 이 지역에는 이러한 관광지를 만드는 것이 어떠냐고 제안하면 그들은 "외국에는 그러한 사례가 있습니까?" 또는 "외국의 비슷한 관광지에는 관광객이 얼마나 방문합니까?"라고 묻곤 한다. 상황이 이렇다 보니 창의적이고 독창적인 사업을 제안하거나 그 지역의 독특성을 강조하는 것이 쉽지 않다.

대체 왜 그리 외국 사례에 목숨을 거는 것일까? 이는 면책성 안일주의 때문이다. 외국에서 성공한 사례를 도입하자고 하는 것이 그나마 설득력도 있고 위험 부담이 적은 데다 보여주기도 쉽기 때문이다. 하지만 외국 관광지나 관광시설을 선례로 삼을 때조차 하드웨어 시설만 흉내 내려 할 뿐 그 안의 콘텐츠와 운영 시스템 파악은 뒷전이다.

예컨대 우리도 두바이의 버즈 알 아랍 호텔 같은 7성급 호텔을 개발하자고 많이들 이야기한다. 서남해안 관광레저도시 개발 때도, 새만금 국제관광단지 개발 때도 언제나 두바이를 성공적인 사례로 제시한다. 하지만 막대한 재원 조달에 대한 계획은 외면해버린다. 그

툭하면 국내 관광단지의 벤치마킹 사례로 거론되는 두바이의 버즈 알 아랍 호텔.
대규모 개발에 필요한 재원 마련이나 정치적 여건은 고려하지 않은 채 겉모습에만
눈이 팔린 대표적 사례다(사진 출처: VanCorean Tribune).

러고는 나중에 벤치마킹 대상과 같은 시설을 어떻게 개발하겠느냐고
물으면, 정부에서 지원을 받거나 외자 유치를 위해 내국인 입장 가능
카지노를 개발해야 한다고 주장한다. 내국인 카지노의 수익성이 높
기 때문에 상당수 외국 기업이 내국인 카지노 개발을 허용하면 대형
관광시설도 함께 개발할 용의가 있다고 제시하기 때문이다.

　물론 관광지를 개발하기 위해서는 유사 사례를 통해 관광객의
규모와 활동 등을 파악하는 것이 필수적이다. 이를 통해 관광객의 수
요를 예측하여 시설 공급 규모를 결정함으로써 적정 개발 면적과 비
용을 산출할 수 있기 때문이다. 또한 관광객이 선호하는 관광시설을

파악해 한층 만족도 높은 관광시설을 개발할 수 있기 때문이다. 하지만 어디까지나 참고 자료일 뿐 더욱 중요한 것은 우리에게 어울리는 창의성과 상상력이다. 벤치마킹이 오히려 창의성을 제어하고 상상력을 감소시킨다면 벤치마킹의 의미는 사라지고 만다. 벤치마킹이란 그저 사례 연구에 그치는 것이 아니다.

진정한 벤치마킹이란 무엇일까? 벤치마킹 기법에 대한 연구자인 코자크Metin Kozak에 따르면, 비교 연구는 하나의 제품이나 서비스를 비교 분석하는 것을 목적으로 할 뿐이지만 벤치마킹은 단순 비교를 넘어 제품과 서비스를 운영하고 관리하는 기술의 적용과 활용까지 그 목적으로 한다. 코자크는 벤치마킹 모델로 삼고자 하는 그룹과 벤치마킹을 적용하고자 하는 그룹을 나누어 각자의 특성을 파악하는 것이 벤치마킹의 핵심이라고 본다. 벤치마킹은 우선 벤치마킹을 적용하고자 하는 그룹의 현재 성과를 측정하고, 벤치마킹 모델로 삼고자 하는 그룹의 성과를 측정하며, 현재 두 그룹 간의 차이를 판단한 다음, 둘 간의 간격을 좁힐 수 있는 모델을 설정해 적용·검토하는 단계를 거쳐야 한다.[3] 그런데 엉뚱하게도 우리 사회에서는 벤치마킹이 '모방'이나 '표절'의 뜻으로 통용되는 면이 있다.[4]

진정한 벤치마킹은 외국의 좋은 점을 그대로 베껴다 쓰는 게 아니다. 우리에게 맞는 관광지 개발 방식이 무엇인지 고민해보고, 관광인력의 운용과 재원 마련에 대해서도 생각해봐야 한다. 버즈 알 아랍 호텔 같은 대규모 시설을 서해안에 가져다 놓는다고 해도 운영 방식이 같을 수 없다. 주체적인 사고를 바탕으로 실현 가능한 벤치마킹을

하는 것이 바로 관광 전문가들이 해야 할 일이다.[5]

.

1등보다 중요한 것

이명박 대통령은 다른 나라에서는 그런 것을 잘하는데 왜 우리는 그런 것도 못 하는가 하는 식의 이야기를 곧잘 한다. 지난 2009년 2월에는 지식경제부 비상경제대책회의에서 "우린 닌텐도 게임기 같은 거 왜 못 만드나?"라고 이야기하여 다양한 콘텐츠와 소프트웨어 등 비물질적 측면은 간과한 채 게임기 하드웨어만 만들라고 지시한다며 누리꾼들의 비웃음을 사기도 했다.[6] 정책 추진에 있어서 다양한 분야와의 연관성을 살피지 못하고 눈에 보이는 것만 내세우는 것이 얼마나 우둔한가를 보여주는 대목이라 하겠다.

관광지 개발 역시 마찬가지다. 두바이의 버즈 알 아랍 호텔이 멋지다고, 빌바오의 구겐하임 미술관이 관광객 유치에 성공적이라고 해서 우리도 무조건 그러한 관광시설을 개발하자는 것은 오히려 지역의 관광 인프라를 망칠 가능성이 높다. 그보다는 지역에서 활용 가능한 문화자원이 무엇인지 파악해 이를 더욱 발전시킬 방법을 강구하는 것이 옳다. 외부에서 하드웨어를 들여오는 것은 쉬울지 몰라도 그 안에 담을 콘텐츠와 인적 자원을 함께 발전시키는 것은 단시간에 이뤄질 수 없기 때문이다.

이참 한국관광공사 사장은 취임식에서 올림픽 금메달을 따는 정신으로 관광 발전에 임해야 한다며 관광 선진국 1등을 강조한 바 있다. 하지만 과연 관광 발전을 위해 필요한 것이 1등 만능주의 정신일까? 사실 그동안 우리는 1등 관광지 개발을 위해 무던히도 노력해왔다. 이를 위해 외국의 1등 관광지를 보고 와서는 그대로 모방해보려고들 한다. 하지만 우리에게는 두바이의 오일달러 같은 자본도 없을 뿐더러 그들처럼 권위주의 왕족의 밀어붙이기식 개발을 추구할 수도 없다. 가능하지 않은 현실에서 멋진 호텔만 지으려다 보니 재원 조달 방안으로 내놓는다는 게 고작 카지노, 경정, 경마 같은 사행산업 유치 따위다.

관광지 개발을 추진하는 정부나 지자체 관계자들은 외국의 관광지처럼 만들자고 하기 전에 우리 현실부터 냉철히 파악해야 할 것이다. 우리에게 필요한 것은 버즈 알 아랍 호텔 같은 대규모 시설을 지어 1등 관광지를 개발하는 게 아니라 우리의 관광지를 더욱 아름답게 꾸밀 수 있도록 지역 주민의 정착과 자족성 확보를 돕는 일이다. 지금과 같이 지방을 홀대하는 정책, 농촌·농민·농업을 죽이는 정책, 관광지를 인위적으로 조성해 관광 시즌 외에는 유령 도시로 만드는 정책이 지속되는 한 외국 관광지를 벤치마킹한다고 해서, 그렇게 호박에 줄 긋는다고 해서 결코 수박이 되지는 않을 것이다.

1   정란수, "관광레저도시, 부동산과 도박의 늪에 빠지다", 2006년 문화관광위원회 박
    찬숙 의원 자료집.

2   서남해안레저주식회사, 《서남해안 기업도시 사업계획 설명서》, 한국관광개발연구
    원·두레, 2008.

3   M. Kozak, *Destination Benchmarking: Concepts, Practices and Operations*,
    UK: CABI Publishing, 2004.

4   김선철, "벤치마킹", 《한겨레》 2009년 8월 25일 자.

5   정란수·최인호·송영민, "뉴질랜드 i-site 사례를 통한 관광안내소 브랜드화", 《호
    텔관광연구》 30, 2008, 52~67쪽.

6   진중권, "MB도 나라 망치고 싶지 않겠지만… 그의 머릿속에 각인된 건 '삽' 한 자
    루", 《오마이뉴스》 2009년 6월 18일 자.

대규모 관광지 개발은 답이 아니다

대규모 관광지 개발의 덫

대규모 관광지 개발은 어느 정부에서나 지자체를 달래기 위해 추진하는 정책 중 하나다. 참여정부에서는 '관광레저도시'라는 계획을 들고 나와 대규모 관광지 개발을 추진했다. 이명박 정부에서는 그 규모가 훨씬 커졌다. 농지 전용을 위한 개발이라던 새만금 간척지 사업의 허구성이 드러나자 이명박 정부는 '새만금 국제관광단지'라는 카드를 내밀었다. 새만금에 대규모 골프장과 복합레저시설을 유치하겠다는 것이다. 사실 노무현 정부와 이명박 정부 모두 대상 지역만 다를 뿐 그 개념과 내용, 정책에는 큰 차이가 없다.

대규모 관광지 개발의 핵심은 재정자립도가 약한 지역에 기업을 유치하고 관광객을 끌어들이겠다는 것이다. 그러려면 기존에 없던 대규모 개발이 필요하고, 이를 성사시키기 위해 정부는 기업에 각종 세제 혜택과 파격적인 부동산 제공 등을 약속한다. 역사도 문화도 아무런 기반도 없는 곳에 완전히 새로운 관광지를 건설하겠다는 것이다. 관광이라는 것이 그 지역의 문화를 보기 위해 가는 것인데, 완전히 새로운 것을 창조하려 하니 쉬울 리가 없다. 기업도 세제 혜택이나 싼 지가 때문에 참여를 결정했다가 실제 개발 과정에서 난관에 부딪히곤 한다. 영암 관광레저도시에 주간사업자로 참여했다가 2009년에 철수한 금호산업의 예는 이러한 대규모 개발이 힘들다는 것을 잘 증명해준다. 실제로 금호산업은 지역 개발을 위해 다각도로 노력했으나 수익성 확보가 어려워 철수한 것으로 알려졌다.[1]

관광레저도시와 새만금 국제관광단지, 이 두 대규모 관광지 개발 사업의 특성은 무엇이며 문제점은 무엇인지 살펴보자.

투기와 도박의 늪에 빠진 관광레저도시[2]

2003년 10월 전국경제인연합회가 '주택 가격 안정과 지역 방안'이라는 연구용역서에서 투자 활성화와 국가 균형 발전 및 국가 경쟁력 제고, 그리고 일자리 창출이라는 명분 아래 기업도시 건설과 이를 위한 정부의 지원과 규제 완화를 요청하면서 기업도시는 경제와 균형 발전의 핵심 화두로 떠올랐다. 문화관광부(현 문화체육관광부)는 지난 2004년부터 관광레저도시를 추진하겠다고 공표했고, 얼마 지나지 않아 2005년에 건설교통부(현 국토해양부)에서도 기업도시를 추진하기로 하여 이 두 사업이 통합되기에 이르렀다. 이 중 해남·영암 지역은 문화관광부의 관광레저도시와 건설교통부의 기업도시에 모두 선정될 것이라는 이야기가 공공연하게 떠돌아다녔다. 결국 해남·영암 지역은 정치적 우여곡절을 겪으면서도 예상대로 선정되었다. 환경성 평가에서 과락 기준을 넘지 못했음에도 겨우 9쪽짜리 보완대책서를 제출하고 관광레저형 기업도시에 최종 선정되는 기이한 일이 벌어지고 만 것이다.

전남 해남·영암 관광레저도시의 첫 번째 문제는 부동산 개발과 투기의 늪에서 벗어나지 못하고 있다는 것이다. 엄밀한 수요 예측에 의한 투자가 아니라 일단 개발부터 하고, 투자비는 분양으로 충당하고 나머지는 지가 상승을 통해 충당하던 건설 기업들의 관행과 크게 다르지 않은 방식으로 개발이 진행되었다. 결국, 부동산 개발로 인한 거품은 농지 가격만 상승시킬 뿐이다. 골프장과 리조트 단지는 관광 시설이 아니라 부동산 투기 시설로 전락할 수밖에 없다.

참여정부 시절 전국을 떠들썩하게 했던 바다이야기를 기억할 것이다. 바다이야기는 빙산의 일각이다. 정부는 로또 사업 허가, 민속 소씨름에까지 스포츠토토 도입, 한국관광공사의 카지노 설립 허용 등 '전국의 도박판화'를 부추기고 있다. 관광레저도시의 카지노 사업과 F1 경기장 사업은 이를 더욱 부추기게 될 것이다. 표면적으로는 외국인 전용 카지노라고 하지만 전라남도 용역 연구 결과에서 드러나듯 내국인 카지노를 배제하지 않고 있다. F1 경기장은 지금까지 홍행성과 고용 창출 효과 등 긍정적인 측면 외에는 그 내용이 감춰져 있어 지금껏 아무도 문제 제기를 하지 않았지만 F1 경기장 자체가 경마, 경륜, 경정과 마찬가지로 베팅이 가능한 사행 시설이다. F1 사업성 분석에서도 실제 F1 경기 자체로는 사업성이 없기 때문에 경마나 경륜 같은 경차가 필요하다고 주장하고 있다.[3]

관광레저형 기업도시는 그 이름 자체가 말해주는 바 '기업도시'다. 즉 지역사회나 문화가 고려되지 않은 기업의 도시일 뿐이다. 따라서 지역사회 및 지역의 환경을 심각하게 고려할 리가 만무하다. 겉으로는 환경을 생각한다 하지만 결국 신개발주의와 생태상업주의일 따름이다. 지역사회의 파괴는 생각보다 더 심각할 수 있다. 통상적으로 대도시를 개발할 때에는 개발이 주변 지역에 미칠 영향, 슬럼화, 베드타운화, 스프롤현상 등에 대한 면밀한 검토가 요구된다. 하지만 관광레저형 기업도시의 추진 과정을 보면 이러한 문제들이 진지하게 다뤄지지 않고 있다. 해남군과 영암군이 각각 관광레저도시 개발로 인한 지역 영향에 대해 연구 용역을 발주하기는 했으나 그 내용을 자세히 살펴보면 이러한 문제점에 대한 대책을 마련하기 위한 연구라기보다는 오히려 관광레저도시와 연관된 배후 지역의 종속적 사업을 찾아내기 위한 연구에 가까웠다.[4] 호남 지역은 훌륭한 전통문화와 자연환경을 지니고 있다. 이러한 지방색을 무시한 개발은 어디를 가도 있는 획일화된 하드웨어 중심의 관광시설만 양산할 뿐이다. 실제로 해남·영암 관광레저도시, 무안 관광레저도시, 태안 관광레저도시의 사업을 비교해보면 세 군데 모두 골프장, 시니어스 타운, 리조트 단지, 마리나 시설 등을 내세우고 있어 각 관광레저도시의 사업 내용에 별 차이가 없음을 알 수 있다.

문제는 이러한 획일적 개발에 대해 문화체육관광부가 제대로 조정 역할을 할 수 있느냐는 것이다. 관광레저도시를 추진할 때 가장 근본적으로 고려해야 할 것이 '지역 문화와 보전'과 '지역민의 삶'임에도 불구하고 이러한 부분에 대한 평가가 간과되다 보니 모든 관광레저도시가 골프장 천지의 리조트 단지로 뒤덮일 수밖에 없는 것이다. 한국관광공사와 문화체육관광부는 기업도시 추진을 위한 지원 대책을 강구하고 정책을 수립하는 기관임에도 사업의 시행자와 감독관 역할을 동시에 수행한다는 것은 앞뒤가 맞지 않는다. 이는 사실상 기업도시 사업자로서 적절치 않은 한국관광공사가 관광진흥개발기금을 직접 사용하고 있는 모순적 상황에 기인한다. 민간 주도의 사업에 참여한 이상 그들 스스로 민간 기업의 역할에 머물러야 함에도 불구하고 세금과 각종 부담금으로 조성된 관광진흥개발기금을 자의적으로 사용하고 있는 것이다.

이런 우려가 현실로 드러난 예가 지난 2006년 YTN에서 방영한 관광레저도시 특집 프로그램이다. 사업자의 이익을 위해 감독관인 문화관광부가 관광진흥개발기금을 교부하고, 여기에 또 다른 사업자인 현대건설이 협찬금을 지원해 YTN은 관광레저도시 특집 프로그램을 제작·방영했다.

특집 프로그램 협찬 계약서

한국관광공사(이하 '갑'이라 한다)와 (주)YTN(이하 '을'이라 한다)은 국책사업 '관광레저도시'
홍보를 위한 특집 프로그램(이하 '특집 프로그램'이라 한다)을 "을"을 통해 제작, 방송하는데
대하여 다음과 같이 기본 계약을 체결하고, 각자의 의무를 성실히 이행한다.

제 1 조 (목적)
본 계약은 '갑'의 협찬으로 '을'이 기획한 특집 프로그램을 제작, 방송함에 있어서 '갑'이
협찬하는 제작 협찬금 내역과 '을'이 이행하여야 할 조건 등 상호 협력에 필요한 사항을
정한다.

제 2 조 (특집 프로그램)
'을'은 다음과 같이 협찬 프로그램을 제작, 방송한다.
① 특집 프로그램 명 : "미래의 터전, 관광레저도시"
② 특집 프로그램 형식 : TV 다큐멘터리
③ 특집 프로그램 편수 / 길이 : 총 3편 각 30분
④ 특집 프로그램 내용 : 관광레저도시 개발의 국민적 공감대 형성 및 추진 방향 모색
 - 제1편 : 1억 중국 관광객을 잡아라.
 - 제2편 : 일자리 7만개의 비밀
 - 제3편 : 버려진 땅과 바다를 일군다.

제 3 조 (특집 프로그램 제작 및 방영일정)
① '을'은 특집 프로그램 3편(각 30분물)을 제작하여 방영하며, 3월 이내에 방영하는 것
으로 하며 세부 일정은 추후 협의를 통해 결정한다.
② 특집프로그램의 방영 일자 및 방영시간은 '을'의 천재지변 등 불가항력적인 경우와 공
적적, 사회적 필요나 방송국의 부득이한 사정에 의하여 변경할 수 있다.
③ 단, '을'이 자체 방송순서 개편에 따라 방영 일자와 시간을 변경하고자 할 때는 지체
없이 '갑'에게 통보하고, 변경되는 방영일자와 시간은 '갑'과 협의를 통해 결정한다.

제 4 조 (특집 프로그램 협찬 조건)
① '을'은 특집 프로그램 예고 방송시 '갑'의 협찬을 자막 및 멘트로 고지한다.
② '을'은 특집 프로그램 방송시 '갑'의 협찬을 자막으로 고지한다.
③ '을'은 특집 프로그램 방송 내용을 BETA Tape 1EA와 VHS Tape 1EA로 COPY하여 '갑'에
게 제출한다.

제 5 조 (협찬금 및 지급방법)
① '갑'은 특집 프로그램 제작 협찬금 총 금.오천만원(₩50,000,000 부가세포함)중 50%인
금.이천오백만원(₩25,000,000 부가세포함)은 2005년 12월 31일까지, 나머지 50%인 금.
이천오백만원(₩25,000,000 부가세포함)은 2006년 3월 31일까지 '을'의 청구에 따라 아
래의 '을'의 계좌로 입금한다.
 * 계좌번호 : 기업은행 037-055670-04-019 (주)YTN
② '을'은 특집프로그램 송출 완료 후, 송출 내역서와 협찬금 청산 내역서를 '갑'에게 제
출하고, ①항에 명시한 각 청구시점에 해당 청구금액에 대한 세금계산서를 발행, 청구
한다.

| YTN 관광레저도시 특집 프로그램 협찬 계약서.

문화관광부

수신자   한국관광공사 사장 (개발기획팀장)
(경유)
제목   「관광레저도시 특집프로그램 제작협찬」 사업 보조금 교부결정 알림

1. 귀 공사 개발기획팀-241(2005.12.15) 관련입니다.

2. 관광레저도시의 조성사업의 성공적 추진을 위한 대국민 홍보 및 공감대 형성 목적의 「관광레저도시 특집프로그램 제작 협찬」 사업에 대하여 「보조금의예산및관리에관한 법률」 제17조의 규정에 따라 다음과 같이 관광진흥개발기금 보조금을 교부하오니 사업 추진에 만전을 기해 주시기 바랍니다.

   가. 사업개요
      ◇ 사업내용 : 관광레저도시 홍보를 위한 특집프로그램 제작 협찬
      ◇ 사업기간 : 2005년 12월 - 2006년 3월
      ◇ 프로그램 개요
        - 프로그램명 : 「미래의 터전, 관광레저도시」 (가제)
        - 제 작 사 : ㈜ YTN
        - 방 영 시 기 : 2006년 3월 중
        - 제 작 규 모 : 30분 분량, 3부작
        - 예상제작비 : 임금임액원장(전체 제작비의 50% 관광공사 협찬)

   나. 보조금 교부내역
      ◇ 보조사업자 : 한국관광공사
      ◇ 교부신청액 : 50,000천원
      ◇ 교부결정액 : 50,000천원
      ◇ 금회교부액 : 50,000천원

붙 임 : 관광진흥개발기금 보조금 교부결정서 1부. 끝.

문 화 관 광

주무관 이영란   행정사무관 윤철욱   미디어팀담당 강박종   전결 12/16

협조자

시행 무자지원팀-347   (2005.12.16.)   접수
무 110-703   서울 종로구 세종로 82-1 문화관광부   / www.mct.go.kr
전화 02-3704-9856   전송 02-3704-0629   / mjlee@nct.go.kr   / 공개

YTN 관광레저도시 특집 프로그램 관광진흥개발기금 교부결정서. |

새만금 국제관광단지, 대규모 관광 개발의 허상

지난 2008년 12월 21일, 서울고등법원은 새만금 간척사업에 대해 정부의 손을 들어주었다. 다시금 새만금 끝막이 공사를 시작하여 간척지를 조성하는 개발계획이 재개되었다. 새만금 간척사업이 환경에 미치는 악영향에 대해서는 이미 많은 환경단체와 언론에서 다뤘기 때문에 여기서는 관광·레저 개발에 대한 부분만 중점적으로 다루고자 한다.

이미 정부와 전라북도는 새만금에 조성되는 간척지 중 농지 이외 일부를 관광단지로 조성할 계획을 가지고 있으며, 여기에 관광레저형 기업도시를 유치하고 세계 최고 높이의 타워를 건립할 것이라 밝혔다. 그런데 '농지 이외의 일부'라는 표현 때문에 그 면적이 작을 것이라고 생각한다면 오산이다. 전북발전연구원의 계획 대상지 규모만 1840만 평인데, 이는 여의도의 일곱 배가 넘는 크기다. 계획 내용은 더욱 가관이다. 골프장 540홀(18홀 회원제 30개 수준)과 각종 수상레포츠단지, 외국인 카지노 등 대규모 개발 계획을 세워놓고 있다.[5]

그런데 이러한 관광레저형 도시 및 자원 개발은 새만금 간척사업 부지만 아우르는 것이 아니다. 이미 J프로젝트로 잘 알려진 서남해안 관광레저도시는 골프레저 위락도시 건설을 표방하며 골프장 108홀(18홀 회원제 6개 수준) 및 각종 테마파크, 레저시설 등을 유치할 계획에 있다. 여기에 남해안을 모두 관광지로 개발하자는 내용을 담고 있는 남해안 관광벨트 계획, 서해안권 관광 개발 계획, 환동해 국제관광벨트 계획까지 그야말로 해양을 중심으로 전 국토를 관광레저도시로 만들 셈이다. 박태견《프레시안》논설주간의 표현처럼 참여 정권은 건설족의 덫에 걸렸을 뿐만 아니라 관광 개발족의 덫에도 걸려버렸다. 어차피 관광 개발족 역시 건설족과 그 맥을 같이하겠지만 말이다.[6]

지난 2003년 관광레저도시를 추진한다는 소식을 처음 들었을 때는 관광 개발에 접근하는 방식이 좀 달라지지 않을까 하는 기대를 걸어봤다. 기존의 관광자원 개발 방식이란 대규모 형태의 하드웨어 관광자원 개발, 지역 주민을 무시하고 외부인들의 주머니를 털기 위한 개발이 아니었던가? 이번에는 '레저'가 추가되었으니 혹시 지역 주민의 여가를 고려한 복지 형태의 관광 개발이 이뤄지는 게 아닐까 하고 기대해봤지만 이내 그 기대는 여지없이 무너졌다.[7] 관광레저도시에서 '레저'는 여전히 지역 주민의 생활은 무시한 대규모 레포츠 시설, 골프장, 리조트 단지를 의미할 뿐이었다. 오히려 관광 개발의 규모만 훨씬 더 커졌다. 골프장만 전남에 108홀, 전북에 540홀이라니! '전 국토의 골프장화'라는 말이 그냥 나온 말이 아니다.

지금은 골프장을 건설만 하면 수요가 많아 모두 성공할 것처럼 보일지 모르겠다. 하지만 서천범 한국레저산업연구소 소장 등 전문가에 따르면 지금 인허가된 골프장만 모두 건설돼도 수급이 어느 정도 적정선에 이를 것으로 보고 있다.[8] 특히 레저 산업에서 일본과 한국이 10년 정도 주기 차이를 보이는 것을 감안하면 골프장의 미래가 장밋빛인 것만은 아니다. 지금 당장 여행사에 가보면, 일본 물가를 감안했을 때 골프장 그린피가 얼마나 싼지 알 수 있을 것이다. 현재 많은 일본 골프장 업계가 도산 위기에 처해 있다. 여기에는 일본의 장기 불황도 큰 몫을 했지만 레저 활동이 유행을 탄다는 점 역시 크게 작용했다. 20년 전만 하더라도 우리나라에서 탁구장과 볼링장이 이렇게 급격히 자취를 감출 것이라 생각했을까? 혹자는 골프는 과시 효과 때문에 탁구나 볼링 같은 대중적 스포츠와는 다를 거라고 이야기한다. 하지만 새만금 사업으로 540홀이 건설될 쯤에는 공급 과다로 일반인들도 골프장을 쉽게 이용할 수 있게 될 것이다. 그리고 그렇게 되면 과시 효과를 누리려는 계층은 다른 여가 거리를 찾으려 할 것이다.

새만금 사업은 관광·레저 개발로 인한 편익 효과를 연간 305억 원 수준으로 보고 있다. 그런데 여기에는 개개인의 소득과 여가 지출이 점차 증가할 것이며, 경제도 계속해서 성장할 것이라는 전제가 깔려 있다. 시설 이용자 수와 매출액의 증가는 말할 것도 없다. 새만금 사업뿐 아니라 대개의 관광 개발계획이 이를 당연하게 가정한다. 하지만 실제로 그러할까? 다른 시설은 몰라도 새만금 사업의 540홀짜리 골프장과 외국인 카지노는 그 기대치에 부응할 수 있을는지 매우 회의적이다.

앞서 언급한 일본의 사례처럼 골프장 이용자 수가 언제까지나 증가 추세일 수는 없다. 우리나라도 2012년 이후에는 골프장 수요가 감소할 가능성이 크다. 과당경쟁으로 그린피 하락이 불가피해질 것이다. 그렇다면 과연 새만금 사업이 기대치만큼의 관광 편익을 누릴 수 있겠는가? 이뿐만이 아니다. 외국인 카지노의 경우 이미 제주도를 비롯해 국내 대부분 지역에서 적자를 면치 못하고 있다. 세계 최고 높이의 타워를 관광시설로 개발한다는 계획 또한 경제성을 논하는 것 자체가 어불성설이다.

지자체와 민간의 관광 개발 프로젝트 용역을 수행하기도 하는 내 입장에서는 이렇게 개발계획이 많아지면 나쁠 리 없다. 하지만 심해도 너무 심하다. 비슷한 수준의 관광 개발계획이 전 국토에 들끓고 있고, 각종 계획은 저마다 연 8퍼센트에서 10퍼센트 성장률을 장담하고 있다. 앞으로는 국토의 삼면이 바다가 아니라 관광시설이 될 판이다. 관광산업은 고부가가치 산업인데 문제 될 것이 무어냐고 할는지도 모르겠다. 한미 FTA 및 한-EU FTA 때문에 고통 받는 지역 주민들이 관광산업의 확대로 고용과 복지 등의 혜택을 누릴 수 있다면야 물론 환영이다. 하지만 관광레저형 기업도시에서 그들이 설 자리는 없다. 처음 강원랜드를 허가할 때 제일의 효과가 지역 주민의 고용 창출이라고 허울 좋게 이야기했던 것을 상기하자. 과연 지역 주민들이 대규모 관광지 개발로 인한 파이를 나눠받을 수 있겠는가?

이제부터라도 지역의 특성을 제대로 반영한 이야깃거리가 있는 관광자원 개발, 그래서 그 지역 주민들이 농사도 짓고 관광으로 인한 수익도 얻을 수 있는 관광자원 개발, 그저 외부인이 놀고먹고 가는 지역이 아니라 지역 주민도 함께 여가를 선용할 수 있는 관광자원 개발이 이뤄지길 희망해본다.

1 "금호그룹, 서남해안 관광레저도시 사업 추진 중단",《머니투데이》 2009년 7월 31일 자.

2 정란수, "관광레저도시, 부동산과 도박의 늪에 빠지다: 카지노와 골프장 일색의 관광레저도시, 누구를 위한 것인가",《2006 문화관광위원회 국정감사 정책자료집》 (2006)을 토대로 작성하였다.

3 전라남도, "F1 국제자동차경주대회 사전타당성조사", 한국자동차공학회, 2006.

4 해남군, "관광레저도시 개발이 해남군에 미치는 영향 및 대응방안 연구", 2006.

5 물론 이 규모는 개발계획 당시의 상황이며 현재는 상당 부분 축소되었다. 실제 개발이 진행되면서 허황된 계획임이 드러난 셈이다.

6 박태견,《참여정권, 건설족 덫에 걸리다》, 뷰스, 2005.

7 레저는 관광의 상위 개념으로 시간적·활동적·심리적 여유를 지니는 상태를 의미한다. 또한 레저는 관광과 달리 지역민의 생활을 강조해 지역민의 사회복지적 측면과도 관련된다. 정란수, "여가제약모형의 비판적 재구성: 사회구조와 행위의 통합적 접근", 한양대학교 일반대학원 관광학과 석사학위청구논문, 2005.

8 "골프장 5년 만에 2배 '공급과잉'… MB정부 잇단 규제 완화 'OB'",《경향신문》 2008년 10월 21일 자.

FTA는 우리의 여행을
행복하게 해줄까?[1]

관광 분야는 FTA에서 자유로운가

2011년 국회에서는 또 한 번의 날치기 강행 처리가 진행되었다. 그것도 국내법이 아닌 외교 관련 법령을 한나라당에서 건국 이래 최초로 강행 처리한 것이다. 그렇게 한미 자유무역협정FTA 비준동의안이 처리되었고, 2012년 3월 15일 한미 FTA는 결국 전격 발효되었다.

지난 2006년 한미 FTA, 2008년 한-EU FTA 협상을 시작으로 우리나라는 본격적인 FTA 체결국 반열에 올랐다. 특히, 한미 FTA의 경우 국내에서 상당한 논란이 불거진 가운데 2007년 4월 본 협상이 타결되었고, 5월에는 국문 협정문이 공개되었다. 협상 이전에 이미 미국이 제시한 4대 선결조건을 굴욕적으로 내준 데다 속속 드러나는 협상에서의 문제점은 향후 우리 경제와 사회에 상당한 혼란을 가져올 것이라는 의견이 분분했다. 하지만 여전히 정부와 대외경제정책연구원은 한미 FTA가 우리 경제를 살릴 수 있는 유일한 길임을 강조했다. 국정홍보처는 한미 FTA에 우호적인 기사를 모아《사자에게는 더 넓은 들판이 필요합니다》와《인도 찾아 나섰던 콜럼버스를 기억하며》라는 홍보용 단행본을 출간해 배포하기도 했다.[2]

이에 대해 한미 FTA 저지 공대위, 각 시민사회단체 및 '새로운사회를여는연구원' 등 진보적 연구단체는 한미 FTA는 고용 없는 성장을 촉발하고, 이 성장이라는 것도 낙관적이지만은 않다고 문제를 제기했다. 특히, 한미 FTA 체결은 농업, 금융투자, 서비스 부문에 심각한 피해를 가져올 것이고, 우리 정부가 그토록 수출 증진 효과를 강조했던 자동차, 섬유 분야에서 실제로는 거의 수출 증진이 이뤄지지 않을 것이라는 의미 있는 결과들을 제시했다. 더 나아가 한미 FTA가 대미 무역수지의 심각한 적자를 초래해 우리 경제 자체를 파국으로 몰고 갈 가능성을 경고하기도 했다.[3] 특히 농업, 서비스 분야의 피해는 한미 FTA뿐 아니라 한-EU FTA의 경우에도 마찬가지여서 FTA로 인한 타격은 그 규모가 점차 가속화될 것이라는 견해도 만만치 않다.

그렇다면 관광 분야는 어떠한가? FTA에서 현안으로 떠오른 산업들은 농업, 금융투자, 서비스(그중에서도 문화, 교육, 의료보건, 공공서비스 등) 분야로, 관광산업은 사실상 논의에서 제외돼 있다시피 하며 그 중요성이나 영향력을 높게 보는 사람도 많지 않다. 이처럼 정부 측이 관광 분야를 FTA와 별개라고 생각하는 이유는 지난 우루과이라운드UR 때 관광 관련 산업을 이미 개방했다고 여기기 때문이다. 그런데 관광의 경우 한미 FTA를 포함해 FTA에서 쟁점이 되는 여러 산업들과 연관돼 있고, 그 연관성이 관광 여건을 구성하는 중요 요인들이기 때문에 무시할 수 없는 것 또한 사실이다.[4] 특히 한미 FTA의 포괄주의적 특성상 관광업이 협상 테이블에 오르지 않았다고 무시할 일이 아니다.

한 예로, 농업 분야의 경우 최근 각광받는 농촌관광, 체험관광 등 이른바 대안 관광의 주요 자원이기 때문에 관광자원 측면에서 볼 때 관광산업의 중요 연관 분야라 할 수 있다. 금융투자 분야의 경우 관광산업은 거대 비용이 투자되어 편익이 서서히 나타나는 공공정책적 특성상 공적 자금뿐만 아니라 여러 민간 자본의 유치를 통해 개발이 이뤄지기 때문에 간과할 수 없다. 서비스 분야의 경우는 말할 것도 없다. 한국은행에서 발표한 '한미 서비스 무역액 및 대미 서비스 수지'를 보면 서비스를 운수, 여행, 통신, 보험, 특허권 및 사용료, 사업 서비스, 정부 서비스, 기타 서비스로 분류하고 있다. 이 중 여행 서비스는 물론, 교통 등 운송 기반산업, 관광안내체계 등 관광 기반산업 같은 정부 서비스 분야 또한 관광에 있어서 중요한 부문 중 하나다. 특히, 정부가 FTA를 추진하면서 중요하게 내세우는 점이 시장 개방을 통한 서비스 분야의 경쟁력 강화다. 따라서 서비스 분야의 하나인 관광이 FTA에서 차지하는 비중이 결코 작다고 할 수 없다.

하지만 관광 분야에서 FTA를 진지하게 다룬 사례는 드물며, 참여정부 시절 문화관광부에서 한국관광협회중앙회 등 관광업계의 의견을 수렴한 것이 전부다. 더욱이 정부의 대처를 보면 그 접근 방식이나 파급력에 대한 판단이 초보적이고 편협하여 우려를 자아낸다. 관광 분야를 단지 여행업, 관광숙박업, 관광객 이용시설업, 관광편의시설업, 국제회의용역업, 카지노업 등 관광진흥법상의 관광 분야로 국한해 접근하는 것은 곤란하다. 관광 분야는 상당히 포괄적인 성격이 강해 여러 다른 산업과 연관돼 있기 때문이다. 그럼에도 FTA 체결에 대한 대응을 준비해야 하는 문화체육관광부, 한국관광공사, 한국문화관광연구원 등 정부 기관은 관광 분야를 물 위에 홀로 떠 있는 섬으로 착각하고 있는 듯하다.

그렇다면 FTA가 관광 분야에 끼칠 부정적 영향은 무엇일까? 한미 FTA 사례를 통해 FTA 체결이 관광 분야에 미치게 될 영향을 살펴보자.

FTA가 관광산업에 미치는 영향

① 관광자원 분야

NAFTA 때문에 국민 경제 자체가 상당히 피폐해진 것으로 알려진 멕시코의 경우 2003년 기준 외래 관광객 세계 9위, 관광 수입 세계 13위로 수치로만 보면 상당한 발전을 이룬 듯 보인다. 하지만 자세히 들여다보면 실상은 그렇지 않다. 실제 멕시코 관광 수입의 상당 부분이 외국계 기업과 미국과의 무역 관계를 기반으로 하는 자국 내 대기업의 몫이다. 지역 주민에게 소득이 돌아가지 않는다는 것이다. 더욱이 관광 수입이 지역에 재투자되어 멕시코 국민에게 혜택을 주는 것이 아니라 해외로 재유출되고 있다. 또한 관광자원으로 개발된 지역이 NAFTA가 체결되기 전에는 옥수수 농장 등 농업 중심 지역이었다는 점을 눈여겨볼 필요가 있다. 사파티스타 민족해방군 부사령관 마르코스 역시 NAFTA 체결을 통해 농민들의 삶의 터전을 빼앗고 있는 대기업, 농산물 가공 회사와 함께 관광 회사에 강한 불만을 표출하고 있다. 외국인 관광객 유치를 위해 자국 농민을 희생시키는 형국이다.[5]

관광자원에는 자연경관자원, 인문자원, 산업자원, 전통문화자원, 농어촌자원 등 여러 가지가 있다. 이 중 대량 관광 시대에는 자연경관 또는 인문자원을 '보기' 위해 관광 활동을 했다면, FIT(Foreign Independent Tour)라 불리는 개별 여행객의 관광은 전통문화나 농어촌을 '체험하기' 위해 관광 활동을 하는 경향을 띤다. 따라서 농촌과 농업은 현재 관광에 있어서 상당히 중요한 자원으로 각광받고 있으며 향후 전체 관광 활동의 약 15퍼센트까지 증가할 것으로 전망되고 있다.[6] 그런데 한미 FTA 체결은 이 15퍼센트의 관광 활동을 위태롭게 만든다.

아마도 정부는 멕시코의 경우처럼 농민들에게 농업을 줄이고 관광업을 선택하라고 강요할 가능성이 많다. 이는 FTA 협상 이전 우리 정부의 농촌 관련 정책과 크게 다르지 않다. 농촌 규모를 축소하기 위해 우리 정부는 그동안 기업농을 육성하며 농업 구조조정에 들어 갔으며, 이것이 실패하자 경쟁력을 강화하라며 친환경 농업, 벤처 농업, 수출 농업 등을 그 방편으로 제시했다[7]. 삼성경제연구소 역시 FTA 체결 이후 농촌이 살 길은 이러한 경쟁력 강화라고 외치고 있으나 장경호 통일농수산사업단 정책실장은 이 또한 구조조정의 일환일 뿐이라고 논하고 있다. 정부는 농촌 개발 및 농외소득 차원에서 농촌관광 등을 제시하고 있으나 실상은 농촌 살리기지 농업 살리기는 아니다. 한미 FTA는 이러한 농업의 신자유주의적 구조조정을 가속화할 것이며 농업이 사라지고 껍데기만 남은 농촌관광, 토지 수용을 통한 대규모 리조트 개발만 초래할 것이다. 실체는 없지만 농촌 고유의 모습을 보여준다며 그럴듯한 무대를 차려놓은 것과 같다. 과연 이러한 '무대화된 고유성Staged Authenticity'의 관광 형태가 사람들을 끌 수 있을까?[8]

또 하나 주목할 관광자원 중 하나가 드라마와 영화 등 문화 서비스에 대한 것이다. 최근 이른바 '한류' 붐을 타고 다른 아시아 지역에서 찾아온 외래 관광객의 비중이 큰 만큼 문화 서비스는 국내 영화 및 드라마 촬영지에 이야깃거리를 부여해 주요 관광자원으로 활용되고 있다. 지자체마다 경쟁적으로 영화 촬영을 유치하고 세트장 설치를 지원하는 등의 노력을 하는 것도 영화가 성공했을 경우 촬영지를 찾는 관광객이 그만큼 많기 때문이다.

하지만 문화 서비스의 개방 역시 관광자원에 큰 타격을 가져올 수밖에 없다. 이미 4대 선결조건으로 내준 스크린쿼터 축소는 굳이 멕시코의 자국 영화산업 몰락을 예로 들지 않더라도 사실상 영화산업의 위축을 가져올 것임이 분명하다.[9] 그렇게 된다면 중국이나 미국

김종훈 FTA 협상단장의 스크린쿼터 관련 발언.
문화의 다양성과 문화정치경제학에 대한 정부의 단견短見을 극명하게 보여준다.
(MBC 〈PD수첩〉 '론스타와 참여정부의 동상이몽 한미FTA' 편, 2006년)

에 비해 상대적으로 웅장하고 빼어난 경관자원이 부족한 우리나라의 경우 상당히 중요한 관광자원 하나를 스스로 포기하는 것이나 마찬가지다. 하지만 여전히 정부는 멕시코의 영화 제작편수 감소 원인을 NAFTA 및 스크린쿼터 철폐에서 찾지 않고, 멕시코 경제 사정 악화가 주원인이며 멕시코 경제 사정 악화는 페소화 위기 때문이라고 보고 있다.[10] 그야말로 잘된 것은 NAFTA 덕, 잘못된 것은 페소화 위기 탓으로 보는 정부의 변명은 참으로 답답할 수밖에 없다.

② 관광 투자 분야

관광 투자 부분은 공공 분야와 민간 분야로 나누어 생각해볼 수 있다. 공공 분야의 경우 대안 관광 형태나 지역혁신체계를 세우는 기반산업 육성 역할을 하고 있는데, 이러한 공공 투자는 사실상 위축될 것이 분명해 보인다. 물론 FTA 체결 초기에야 농민 달래기용 지원이 잇따를 것이다. 한-칠레 FTA 체결 때 그랬듯이 말이다. 하지만 신자유주의 농업 구조조정의 일환인 FTA 체결은 결국 보조금을 감소시킬 것이며 각종 정부 시책에도 변화를 가져올 것이다. 특히 지자체가 여전히 큰 힘을 갖지 못하고 중앙정부의 지원에 의존하는 지역 관광개발의 특성상 FTA에서 규정하는 시장 접근 및 내국민 대우 제한이라는 문제가 제기될 가능성도 존재한다.

민간 분야의 투자는 어떨까? 사실 민간 분야는 공공 분야보다는 사정이 낫긴 하다. 지금까지도 부동산 개발, 지가 상승을 목적으로 관광 개발에 열을 올렸던 대기업들 아니었는가? 하지만 민간 분야에서도 서비스의 질적 개선을 통해 긍정적인 결과를 가져올 것이라는 예상 역시 천진난만한 이야기이기는 마찬가지다. 우석훈은 서비스 산업 중 도소매 및 음식숙박업의 경우 큰 변화를 맞지는 않으리라 예측하고 있다. 하지만 이는 영향을 많이 받지 않는다는 의미가 아니다. 그는 이미 몰락해버린 재래시장이 추가적으로 더 빠르게 망하지는 않을 것이며, 한국에 미국 호텔 몇 개가 더 들어온다고 해서 국민경제 규모에서 엄청난 변화가 일어나지는 않을 것이라는 점을 예로 들었다. 그러나 '포뮬라 원'과 같은 저가 숙박체인점들이 여관업계에 본격적으로 진출한다면 이는 국내 관광업계에 상당한 위협을 가져올 수 있다고 설명하고 있다.[11] 특히 미국 관광업체들은 정보와 경험 측면에서 절대적인 강점을 가지고 있어, 교통·숙박·음식 등 상품 전반에 걸쳐 미국의 거대 관광업체가 자신의 네트워크를 활용해 가격 경

쟁력을 발휘할 경우 국내 관광업체가 설 자리가 크게 좁아질 가능성이 있다.[12]

③ 관광 수요 분야

한미 FTA 체결이 관광에 미칠 또 하나의 문제점으로 운송 서비스 부문을 들 수 있다. 미국은 캐나다, 멕시코의 경우에서처럼 점차 공공 서비스 시장 개방을 주장할 가능성이 많은데 여기에는 철도, 도로 등 운송 서비스도 포함된다. 철도공사의 민영화는 물론이고 정부에서 어떠한 규제도 할 수 없는 외국 기업의 도로 건설은 공공요금의 상당한 인상을 초래할 것이다. 관광 수요는 사회적 거리에 반비례한다. 즉, 관광은 거리 또는 운송비용에 상당한 영향을 받는다. 이처럼 한미 FTA 체결로 운송 서비스 요금 상승이 예견되는데도 관광 분야에서는 각각 시설 단위의 영향 관계만 파악하고 전방위적 접근을 시도하지 않기 때문에 FTA 체결의 영향력을 간과하게 되는 것이다.

NAFTA 이후 멕시코의 경우를 보면 운송 서비스의 변화는 어느 정도 예측 가능하다. 멕시코는 NAFTA 체결 이후 시외버스 이동은 증가했지만, 상대적으로 항공과 철도 운송은 정체와 감소를 반복했다. 특히, 철도의 경우 1990년 연간 50억 명이었던 이용객이 1995년과 1996년에는 약 20억 명으로 감소하였고, 이후 철도는 채산성이 안 맞는다는 이유로 운행이 거의 이뤄지지 않고 있다.[13] 관광객의 경우 일반 버스보다는 항공과 철도를 많이 이용한다는 점을 상기해볼 때 NAFTA 이후 멕시코의 국내 관광 운송이 얼마나 열악해졌는지를 알 수 있는 대목이다. 우석훈은 KTX가 영국 모델을 따라 철도 민영화와 함께 미국 업체에 인수될 확률을 점치고 있다.[14] 철도 민영화와 미국 업체 인수는 결국 현재 적자 운영 중인 철도의 손실 만회를 위한 공공요금 인상을 의미한다. 그렇다면 국민 관광 활동 역시 위축될 수밖에 없다.

④ 국민 관광 활동 분야

이와 같이 한미 FTA 체결이 국내 관광산업에 긍정적 영향을 줄 것이라 보기는 어렵다. 그런데 이러한 산업적 영향보다 더욱 두려운 것은 우리 개개인에게 미칠 악영향이다. 한미 FTA 체결은 관광산업 분야 투자에서 정부 투자를 위축시킬 수 있다. 앞서 살펴본 시장 접근 제한, 내국인 대우 제한 문제 때문이다. 보통 골프장, 콘도, 리조트 단지 등 분양을 통해 투자비를 단기간에 회수할 수 있거나 고수익이 보장되는 사업은 민간에서 개발하는 경우가 많지만 체험관광, 농촌관광 등 지역 주민의 수익을 위한 공공정책적 관광사업은 통상적으로 공공 기관에서 투자하는 경우가 많다.

NAFTA 이후의 멕시코 사례를 봤을 때 한미 FTA 체결로 농촌에 대한 지원과 보조가 감소할 가능성이 대단히 높으며 정부의 투자 역시 위축될 것이므로 향후 관광지 개발은 초국적 기업과 대기업 주도로 추진될 가능성이 크다. 이러한 경우 그들이 개발하고자 하는 관광지는 무엇일까? 아마도 그들은 부동산 가치 상승을 위해 분양이 가능한 고급 리조트 단지, 카지노·경정·경륜 같은 도박 시설 개발에 열을 올릴 것이다. 서남해안 관광레저도시 초기 사업계획에서 골프장과 고급 호텔, F1 경기장, 카지노 등을 만들려고 했던 모습과 마찬가지로 말이다.

이러한 개발에서 우리는 무엇을 얻을 수 있는가? 대량 관광이 가져온 환경 파괴와 지역 문화 훼손, 향락 문화의 만연 등을 반성하며 부각된 대안 관광 형태인 생태관광, 농촌관광, 체험관광 등이 발붙일 수나 있겠는가? 여가와 관광에서 지역 문화를 체험하고 배울 곳은 없고 그저 리조트 단지에서 돈 쓰고 향락만 쫓게 된다면 과연 무엇이 남겠는가? 그야말로 여가를 소비하지만 진정으로 여가를 즐기지 못하는 여가 소외 현상이 빚어질 수밖에 없다. 그나마 리조트 단지를 이용할 수 있다면 다행이다. 한미 FTA가 심화시킬 고용과 소득의 양극화는 결국 많은 사람들에게서 관광할 수 있는 기회조차 박탈할 것임이 자명하기 때문이다.[15]

FTA와 관광산업, 그리고 정부의 역할

지금까지 정부는 관광산업은 곧 외화벌이 산업이라는 인식을 바탕으로 국제 수지 개선에만 초점을 맞춰 관광산업을 바라봤다. 바로 이러한 시각 때문에 국민의 삶의 질을 고려한 복지 측면의 관광 정책보다는 여전히 대규모 개발 방식의 관광산업 육성에만 집착하고 있는 것이다. 지금이라도 정부는 FTA가 관광산업과 국민의 삶에 얼마나 폭넓은 영향을 미치게 될지 고민해야 한다.

또한 관광산업은 감응도가 높기에 농업, 운송업, 사회 서비스업, 문화 서비스업 등 다른 산업의 변화에 민감하게 반응하는 바 FTA로 인한 부정적 영향을 그대로 떠안을 수밖에 없다. 따라서 문화체육관광부 등 정부 기관은 관광산업 자체의 변화만 따져볼 것이 아니라 여타 산업의 변화 역시 면밀히 검토해야 한다.

　FTA, 특히 한미 FTA에 대한 협상 및 대응을 준비해야 하는 기관들이 관광 분야에 관해서는 지금껏 아무런 대처도 못해온 것이 사실이다. 이들은 그저 관광 분야의 각 산업이 이미 우루과이라운드 때 개방됐다는 사실 때문에 단일 상품의 교역을 넘어서는 한미 FTA의 포괄적 특성을 깨닫지 못하는 무지함을 범하고 있다. 그 대표적 사례가 도박 산업과 관련한 시장 접근 제한, 내국민 대우 제한 관련법의 유보에 대한 미국 측의 거부다. 이러한 법규 제한 거부는 향후 관광산업뿐만 아니라 전체 산업으로 확장될 가능성이 큰데 이에 대한 대책은 거의 마련되지 않고 있다. 이런 상황에서 한미 FTA가 발효됐으니 아무리 도박 산업은 예외로 해달라고 주장하더라도 양국 무역 관련 국제법·상위법적 특성상 내국인 및 지자체를 보호할 근거가 사라지게 될 것이다.

　정부의 개방 만능주의 논리대로라면 우루과이라운드 때 개방한 관광산업은 엄청나게 발전했어야 하며 노동자들의 양극화 해소에도 기여했어야 하지만 결과는 그렇지 않았다. 관광산업 노동자들은 여전히 영세한 기업 구조에 종속돼 있고 노동과 복지 조건이 열악한 실정이다. 또한 비정규직의 규모도 심각한 수준이다. 대외경제정책연구원이 발표한 서비스 분야별 상업적 주재 개방 수준을 보면 국내에서 관광 서비스가 가장 많이 개방되었다.[16] FTA 체결 이후 다른 산업역시 관광 서비스처럼 개방된다면 어떻게 될까? 정부가 제시한 장밋빛 청사진의 허구성은 지난 10년간의 관광 시장 모습에서 잘 드러난다. 시장과 산업은 거의 변하지 않았고, 노동시장은 여전히 열악한실정임을 잊지 말아야 한다.

마지막으로 1999년 베네수엘라에서 제정된 볼리바르 헌법을 인용하며 관광 분야가 나아가야 할 길을 묻고 싶다.

제310조: 관광산업은 국가 이익을 도모하기 위한 경제 활동이므로, 이 헌법에 예시된 사회경제체제의 기본 틀 안에서 국가는 관광산업의 지속가능한 발전과 다양화 전략에 최우선적으로 투자하고 발전을 보장할 전략을 공포해야 한다. 국가는 관광 분야의 개발과 감독을 강화한다.[17]

1   이 장은 졸고, "한미 FTA, 국내 관광 분야의 위기와 양극화",《문화과학》 47호(2006년 9월) 내용을 수정 · 보완한 것이다.

2   국정홍보처,《사자에게는 더 넓은 들판이 필요합니다》, 2006; 국정홍보처,《인도 찾아 나섰던 콜롬버스를 기억하며》, 2006.

3   손석춘 외,《새로운 사회를 여는 상상력》, 시대의창, 2006; 우석훈,《한미 FTA 폭주를 멈춰라》, 녹색평론사, 2006; 이해영,《낯선 식민지, 한미FTA》, 메이데이, 2006; 한미FTA저지 범국민운동본부 정책기획연구단,《한미 FTA 국민보고서》, 그린비, 2006 등 참조.

4   산업연관표를 이용해 감응도 계수를 살펴보면 관광산업은 28개 산업 중 3위로 각 산업 부문의 생산물에 대한 수요가 증가할 때 영향을 받는 후방연쇄효과가 상당히 강한 산업이다. 이강욱 · 최승묵, "관광산업의 지역경제 기여효과 분석", 한국문화관광연구원, 2003 참조.

5   〈KBS 스페셜: FTA 12년, 멕시코의 명과 암〉, 2006년 6월 4일 방송.

6   농림부, "우리나라 농촌관광 발전 방향 및 방안", 한국농촌경제연구원, 2003.

7   장경호,《한미 FTA를 극복하는 대안정책 1차 자료집》, 새로운사회를여는연구원, 2006.

8   딘 맥캔널,《관광객》, 일신사, 1994.

9   이해영, 앞의 책.

10 국정홍보처,《우리 경제의 새로운 미래—한미 FTA의 알파와 오메가》, 2006.

11 우석훈, 앞의 책.

12 조용수, "한미 FTA 협상과 관광대책", 한국문화관광정책연구원,《한국관광정책》 2006년 여름호.

13 캐나다 통계청, *North American Transportation in Figures*, 2000.

14 우석훈, 앞의 책.

15 정란수 · 정철 · 황희정, "IMF 이후 한국 사회의 레저 소비와 레저 만족 분석",《관광엔터테인먼트연구》 2호, 2005. 이 글에서 분석한 결과에 따르면, IMF 이후 신자유주의 공세 속에서 한국 사회의 여가 소비는 증가하나 여가 만족은 오히려 감소하는 기이한 여가 소외 현상이 강화되고 있다.

16   정인교 외, 《한미 FTA 논쟁, 그 진실은》, 도서출판 해남, 2006.

17   볼리바르 헌법에 예시된 사회경제체제는 사회정의, 민주화, 효율성, 자유 경쟁, 환
     경 보호, 생산성과 연대책임의 원칙 아래 국민 전체의 발전과 공동체를 위한 위엄과
     존엄성 확보를 목적으로 한다. 국가의 역할은 공공 재화와 서비스의 국가 보유, 식
     품 공급의 안정성 보장, 지속가능한 농업 보장, 대토지 소유제 반대, 지역자치회 육
     성 등이다.

관광산업 노동자의
노동환경 개선을 위하여

관광산업 발전의 그늘

관광산업이 신성장동력으로 주목받고 있다. 부존자원이 부족한 우리
나라에서 인적 자원을 기반으로 한 지식기반산업과 더불어 자연 자
원과 인문 자원을 콘텐츠로 한 관광산업이 지금까지의 수출 의존적
경제구조를 바꿀 수 있을 것으로 기대되고 있다. 이러한 배경 속에서
관광산업은 그동안 끊임없는 발전을 이뤄왔다. 하지만 양적 팽창에
도 불구하고 관광산업을 이끌고 있는 노동자에 대한 처우는 여전히
부실한 실정이다.

　　관광산업 노동자의 불합리하고 차별적인 노동환경은 그동안 다
양한 사건사고를 통해 수차례 지적되어왔다. 지난 2000년에는 비정

규직 노동자의 근로조건 개선을 요구하며 파업 중이던 롯데호텔 노조원 1088명이 강제 연행되기도 했고, 관광통역안내사들은 열악한 노동조건에 항의하며 시한부 파업에 돌입하기도 했다. 골프장 캐디라는 특수고용직에 종사하다가 42세에 정년퇴직 명목으로 직업을 잃는 여성 노동자 문제 등 관광산업 노동자들이 겪는 부당한 처우의 예는 무수히 많다.[1]

관광산업 노동자들의 열악한 노동환경은 이들 대부분이 비정규직으로 고용된다는 데서 비롯된다. IMF 외환위기 이후 경제 영역 전반에서 비정규직이 증가했지만 관광산업의 경우 이러한 비정규직 증가 추세가 보다 급격하게 진행되었다. 기업들은 관광산업 노동자의 높은 이직률과 관광서비스업이 단순 직무라는 이유로 비정규직 고용 비중을 늘리고 있는 실정이다.

하지만 관광산업 노동자의 높은 이직률이 먼저인지, 임금 및 복지 수준이 열악한 비정규직 고용 형태가 높은 이직률을 낳는 원인인지 인과관계가 명확치 않다. 많은 노동자를 정규직화하고 타 산업과 비슷한 수준으로 임금을 지급하는 대형 여행사의 경우 이직률이 업계 평균에 비해 현저히 낮은데, 이는 무엇이 문제인지 잘 보여준다. 관광서비스 업무를 단순 직무라고 폄하하는 것도 옳지 않다. KTX 여승무원만 보더라도 고객 접대 업무뿐만 아니라 비상시 안전사고 대처, 외국인 통역 등 직무 수행 범위가 넓으며 각 직무에 대한 전문성이 필요하기 때문이다.

KTX 여승무원 파업

관광산업에 종사하는 여성 노동자들은 중층적인 차별을 경험하고 있다. 관광산업 전반의 차별적 특성에 더해 여성에 대한 차별, 감정노동 종사자에 대한 차별 등이 동시에 나타나기 때문이다.[2]

2012년 3월에는 아시아나항공 여승무원들이 복장 규정에 이의를 제기하며 금호아시아나그룹 본사에서 항의집회를 열었다.

아시아나항공 승무원 복장 규정에 따르면, 여성 승무원은 승무복으로 치마만 입을 수 있고 치마 길이는 무릎 중앙선에 맞춰야 한다. 눈화장으로는 갈색과 검은색만 할 수 있으며, 손톱에는 반드시 핑크나 오렌지색 계열의 매니큐어를 발라야 한다. 귀고리는 가로와 세로 1.5cm를 넘으면 안 되고 두 가지를 넘어선 색이 섞여서는 안 되며 플라스틱과 주석 재질이어서는 안 된다. 망으로 감싼 '쪽진 머리'를 할 때는 실핀은 두 개만 쓸 수 있다. 심지어 남성 승무원과 달리 여성 승무원은 안경을 쓰는 것도 금지돼 있다.[3]

여성 노동자의 복장과 외모를 지나치게 규제하여 여성을 상품화하는 구습이 아직도 대기업에 존속하고 있는 것인데, 이는 엄연히 여성 노동자에 대한 성차별이다. 여승무원 본인이 바지와 치마 중 원하는 복장을 선택해 한결 자연스러운 서비스를 제공할 수 있도록 해주는 대부분의 외국 항공사들과 비교된다.

몇 해 전 언론에서 크게 주목했던 KTX 여승무원 문제는 관광산업 여성 노동자들이 처한 상황을 잘 드러내주는 사례다.' KTX 여승무원은 지난 2004년 4월, '지상의 스튜어디스'라는 언론과 한국철도공사의 대대적 홍보와 함께 처음 선발되었다. 실제로 항공사 스튜어디스 대신 KTX 여승무원을 선택한 이들도 있을 정도로 KTX 여승무원들의 자부심은 대단했다. 그러나 기대와 달리 KTX 여승무원은 철도공사의 자회사인 한국철도유통(옛 홍익회)에 1년간 계약직 직원으로 고용된 것이었다. 입사설명회 당시 홍익회 사장과 승무본부장 등은 여승무원들에게 정년을 보장해주고 항공사 승무원 못지않은 대우와 준공무원 대우를 해주겠다고 약속했지만 입사 후 현실은 달랐다.

근로조건에 대해서는 한국철도공사와 KTX 여승무원 사이에 의견 차이가 존재한다. 한국철도공사에서는 적법한 도급 근무라 주장하고 있는 반면 KTX 여승무원들은 불법 파견 근무라 주장하고 있다. 도급 근무라 하면 고용과 사용 관계가 한국철도유통을 거쳐야 하나 과거 여승무원의 경우 고용 관계는 한국철도유통, 사용 관계는 한국철도공사가 갖고 있기 때문에 이 부분은 불법 파견으로 보는 것이 타당하다.

하지만 철도공사는 단순히 사실을 인정하지 않는 데 그치지 않고 증거 인멸과 서울지방노동청을 상대로 한 각종 로비도 서슴지 않았다. 게다가 철도공사는 외주위탁이라는 형식으로 이 문제를 해결하려 하고 있다. 처음부터 잘못되었던 법적 문제는 인정하려 하지 않고, 새로 만든 외주위탁업체인 'KTX관광레저'를 통한 합법적 도급 형태로 해결하려 하는 것이다.

또한 쟁점 사항이 되는 문제에는 정규직 전환 불이행, 열악한 근무환경 등이 있다. 철도공사는 1년의 계약직 기간이 끝난 후 여승무원의 철도공사 정규직 전환과 준공무원 대우를 보장했지만 이를 이행하지 않았다. 보건·연차 휴가를 선착순으로 신청해야 한다든지 철도공사의 각종 행사에 도우미로 동원되는 등 근무환경도 열악했다. 또한 철도공사 소속의 남성 승무원들과 달리 이들의 감정노동은 그 전문성을 제대로 인정받지 못했다.

결국 부당한 처우에 항의하며 KTX 여승무원은 2006년 3월부터 집단 파업에 들어갔으며, 이에 한국철도공사는 이들의 정규직 전환을 보장할 수 없다고 맞섰다. 하지만 국가인권위원회는 여승무원들의 정규직 전환을 권고했고, 2007년 이상수 전 노동부 장관 역시 정규직 전환이 사태의 해결 방안이라고 언급한 바 있다. 2008년 12월, 법원은 KTX 여승무원의 근로자 지위를 인정하라는 판결을 내렸으며, 2010년 8월에는 근로자 지위 확인 청구 소송에서 또다시 KTX 여승무원의 손을 들어주었다. 그리고 2011년 8월, 전 KTX 여승무원 119명이 추가로 제기한 소송에서도 여승무원들이 승소했다.

그럼에도 철도공사는 아직까지도 직접 고용을 이행하지 않고 있으며 앞선 판결에 불복해 대법원에 상고하고 그 결과에 따르겠다는 입장이다. 철도공사는 이렇게 시간만 끌어 여승무원들이 스스로 지쳐 포기하게 만들고 있다.

관광산업 노동자의 노동환경 개선을 위하여

KTX 여승무원들이 맞서 싸우고 있는 문제는 결코 그들만의 문제가 아니다. 관광산업 노동자들이 처한 부당하고 열악한 노동환경이 개선되지 않는 한 KTX 여승무원 문제는 곳곳에서 되풀이될 것이다.

관광산업 노동자들에 대한 차별과 부당한 처우가 개선되지 않는 원인으로는 관광학계의 무관심, 이들의 권익을 보호해줘야 할 관광진흥법 등 법적 체계의 미비, 전통적인 서비스 산업과 달리 취약한 노동조합 결속력 등을 지적할 수 있다.[5] 그렇다면 관광산업 노동자들이 처한 상황을 개선하기 위해 무엇이 필요할까?

우선, 관광학계의 관심과 해결방안 모색이 필요하다. 2006년 KTX 여승무원들의 파업이 시작되었을 당시 파업 지지를 선언한 2백여 명의 교수 명단을 살펴보면 관광 계열 교수들은 전무하다. 당장 자신들이 가르쳤던 학생들이 직면하는 문제인데 어떻게 쉽게 외면할 수 있는지 안타까움을 넘어 서글프기까지 하다. 이는 기업과 자본을 옹호해온 그간의 관광학계 풍토와 무관하지 않다. 지금이라도 관광학계의 적극적인 관심이 필요하다.

또한, 관광업종 노동자의 권익 보호를 위한 법제화가 필요하다. 현재 관광과 관련한 법률은 관광기본법과 관광진흥법뿐이다. 그런데 관광기본법 14개 조와 관광진흥법 7장 81개 조에는 관광 개발, 관광 사업 및 사업자에 대한 사항만 명시돼 있을 뿐 관광업종 노동자의 권익에 대한 내용은 어디에도 없다. 민주노동당 천영세 전 의원 중심으로 관광업종 노동자의 권익 보호를 위해 관광기본법 및 관광진흥법을 개정하려는 움직임이 있었으나 다른 정당의 국회의원들이 관심을 갖지 않아 법제화되지 못했다. 오히려 KTX 여승무원들이 한창 파업 중이던 2007년에도 한나라당과 열린우리당 의원들은 관광개발법 발의를 추진하는 등 여전히 사업자 권익 보호에만 노력을 기울일 따름이었다.

마지막으로, 관광업 산별노조가 필요하다. 관광산업 노동자는 지속적으로 증가하고 있다. 하지만 호텔업을 제외한 나머지 관광업종의 경우 상당히 영세한 규모이고, 관광산업 노동자 상당수가 비정규직 또는 특수고용직임을 감안하면 기업별노조나 지역별노조 형태로는 노동자의 권익을 보호하기 어렵다. 따라서 관광 분야 산별노조의 결성이 꼭 필요하다. 기존 전국관광·서비스노동조합연맹의 경우 이러한 문제를 해결하기 위해 결성되었긴 하지만 이 역시 기업별·지역별 노조들이 모인 연맹체다. 자본과 산업구조, 노동자 구성 및 노동운동의 성격 변화에 따라 기업별·지역별 노조 형태로는 기업과 자본의 공세에 대응하기 어려운 것이 사실이며, 관광산업 노동자의 경우 앞서 제기한 여러 현실들 때문에 그 심각성이 더하다. 따라서 관광산업 노동자의 지속적인 관심이 필요하며, 정당과 노동조합, 진보적인 정책을 기획하는 연구소 등에서는 관광업 산별노조 결성을 위한 준비 작업을 시도해야 한다.

KTX 여승무원 파업으로 대표되는 관광산업 노동자의 현실. 무엇보다도 필요한 건 그들에 대한 관심이다. 우리의 무관심 속에서 관광산업 노동자에 대한 부당하고 열악한 처우는 지금 이 순간에도

KTX뿐 아니라 골프장, 여행사, 호텔 등에서 계속되고 있다.

대다수 서비스업이 마찬가지겠지만 항상 친절하게 웃으며 사람을 대해야 하는 직종에는 상당한 스트레스가 따르기 마련이다. 하지만 이러한 스트레스에 대한 적절한 대책이나 처방 없이 회사는 온갖 규정을 동원해 고객을 받들어 모시라고 명령할 뿐이고, 이에 익숙해진 서비스 이용자들은 과도한 친절과 환대를 당연하게 요구한다. 관광산업 노동자들의 친절과 미소를 여행자의 당연한 권리처럼 누리려고만 할 게 아니라 그들이 처한 열악한 노동환경에도 관심을 쏟아야 할 것이다.

1   "관광 안내하며 웃음이 나올까요?",《프레시안》2007년 2월 6일 자; "네 아이 홀로 키울 생각에 앞 캄캄",《한겨레》2007년 3월 21일 자.

2   채수홍, "여성, 노동자, 여성노동자: 여성주의 민족지의 젠더와 계급",《여성연구》65호, 2003 및 "오늘 한국에서 여성으로 산다는 것",《말》2006년 4월호 기사 참조.

3   김윤나영, "스튜어디스 면접 때 '치마 살짝 올리라'는 면접관",《프레시안》2012년 3월 8일 자.

4   KTX를 관광산업으로 볼 수 있는지에 대해서는 논란의 여지가 있다. KTX 등 철도업은 현재 한국은행 산업 분류에서는 운송업에 속해 있기 때문이다. 하지만 국내 산업 분류에는 관광산업 부문이 없고, 선행 연구에서는 관광산업에 운송업을 포함시키는 경향이 있기에 포괄적인 의미에서 관광산업으로 볼 수도 있다. 또한 KTX 노동자(종사원)들의 직무 특성이 관광산업과 유사한 면이 많기 때문에 이 문제를 관광산업의 틀 속에서 다뤄도 무방하다고 판단된다.

5   알렉스 캘리니코스·크리스 하먼,《노동자 계급에게 안녕을 말할 때인가》, 책갈피, 2001; 정란수, "KTX 여승무원 파업 1년, 그들만의 외로운 투쟁",《인터넷 한겨레》2007년 3월 26일 자.

새로운 남북관광을 위한 로드맵

남북관광, 위기인가 기회인가

10여 년 전만 해도 일반인이 북측에 자유롭게 방문할 수 있을 거라고 누구도 예상치 못했다. 그저 〈남북의 창〉 같은 텔레비전 프로그램을 통해서나 북측의 풍경과 사람들의 모습을 엿볼 수 있을 따름이었다. 그러던 중 1998년 역사적인 금강산 관광이 시작되었고, 해로로 가던 것에서 육로를 통한 이동으로 진전되었으며, 또 금강산을 넘어 개성과 백두산 관광까지 추진되고 있다. 남북관광의 시작은 한반도 분단사에 새로운 장을 열었다.

　남북관광은 물적 교류 위주였던 그간의 남북 간 교류를 인적 교류로까지 확장했다는 점에서 큰 의미를 지닌다. 물론, 남측의 민간인

북측에도 사람이 살고 있다. 우리와 비슷한 탄산음료를 마신다는 것을 보면 북측 사람들이
한층 친근하게 느껴진다. 사진은 개성 매대에서 판매하는 탄산음료들.

들만이 북측의 제한된 지역을 방문할 수 있다는 한계가 있긴 하지만
최초의 대규모 민간인 인적 교류의 시작이라는 점에서 큰 성과를 이
뤘다고 볼 수 있다. 독일 통일에서도 볼 수 있듯이 관광 교류는 물적
교류와 더불어 인적 교류를 통해 상호 간 적대감을 해소할 수 있다.
지난 1999년과 2002년 서해교전 발발에도 남북 관계가 최악의 사태
로 치닫지 않았던 데는 남북관광으로 인한 긴장 완화가 큰 몫을 했다.
　　하지만 2006년 10월 북핵 위기 이후 남북관광이 다시 암초에 걸
린 것만은 분명하다. 실제로 북핵 문제가 불거진 후, 관광 경비가 핵
무기 개발에 이용된다는 근거 없는 여론에 휘말려 금강산 관광 경비
지원이 중단되면서 금강산 관광객이 급감했고 개성 관광과 백두산

관광까지도 담보 상태에 빠졌다. 2008년 금강산 관광객 박왕자 씨 피살 사건 이후로 남북 관계가 급격히 경색된 것이 남북관광 중단의 직접적 원인이지만, 더욱 근본적인 원인은 이명박 정부의 대북 정책 에서 찾을 수 있다. 이명박 정부는 북핵 폐기 우선, 상호주의 원칙 고수라는 대북 정책 기조 아래 금강산 관광은 대북 퍼주기라는 견해를 보이고 있다.

여기에 천안함 침몰 사건과 연평도 해전 등이 잇따라 발생하면 서 남북 관계는 최악의 상황으로 치달았다. 이러한 상황에서 남북관 광 재개 논의는 섣부르게 보일는지도 모르겠다. 우선 지난 10여 년 동안 남북관광이 어떻게 전개되었는지 돌아보고, 남북관광의 지속 을 위해 우리가 해야 할 일은 무엇인지 논의해보고자 한다.

되돌아본 남북관광

남북관광이 시작된 이후 참 많은 사건이 발생했다. 1999년에는 금강 산 관광객인 민영미 씨가 북측에 5일간 억류되기도 했으며, 서해교 전 발생 때마다 보수 정당과 언론의 금강산 관광 중단 공세를 받기도 했다. 한편, 2002년부터 2006년까지는 정부에서 학생, 이산가족, 국 가유공자, 장애인 등에게 금강산 관광 경비를 지원해줘 관광객이 급 증하기도 했고, 금강산에서 이산가족 상봉 행사가 개최되어 금강산 지역이 남북 평화의 상징으로 떠오르기도 했다. 또한 2005년 8월에 는 한국관광공사와 현대아산이 백두산 및 개성 관광 사업을 추진하

| 금강산 관광의 중심점이라 할 수 있는 휴게소 및 식당 온정각의 모습.

기 시작했다.

　지금까지 금강산 관광을 비롯한 남북관광은 대부분 현대아산 등 민간 기업이 주축이 되어 추진해왔다. 공기업인 한국관광공사는 금 강산 문화회관에 355억 원, 온천장에 300억 원, 온정각에 245억 원 등 총 900억 원을 당장 수익을 기대하기 어려운 부문에 투자했을 뿐 이다.[1] 10년 동안의 남북관광은 민간 기업에 약 1조 원의 적자를, 공 기업에는 1천억 원 가까운 부채성 자본을 안겨주었다. 이에 대한 대 안을 마련하지 않으면 남북관광이 재개되더라도 사업의 지속성을 확 신하기 힘들다.

　그동안의 남북관광에서 드러난 문제점들은 크게 네 가지로 정리 해볼 수 있다. 먼저, 정부의 남북관광 로드맵 부재다. 물론, 금강산 관광이 고 정주영 현대그룹 명예회장의 소떼 방북이라는 급작스러운 이벤트로 시작되었다고는 하지만 10여 년간의 남북관광이 무엇을 위해, 어떠한 방향을 향해 진행되었는지를 설명하기란 쉽지 않다. 정부는 그저 민간 기업인 현대아산이 북측과 어떻게 사업 전개를 해나가느냐에 따라 상황에 맞춰 대처할 뿐이었다. 금강산 관광만 보더라도 크루즈에서 쾌속선으로, 쾌속선에서 육로로 이동 수단을 변경하는 과정에서, 또 해상호텔에서 북측의 금강산려관 및 김정숙휴양소를 개보수해 개장한 금강산 호텔 및 외금강 호텔로 숙소를 변경하는 과정에서 정부는 어떠한 복안을 가지고 대처했는지 의문이 든다. 남북관광에 대한 정부의 로드맵이 부재하기 때문에 서해교전이나 북핵 위기 등 정치적 여건이 악화될 때마다 남북관광을 중단하라는 주장이 계속해서 되풀이되는 것이다. 그리고 이는 결국 대북 사업에 대한 투자 심리를 위축시켜 관광사업의 지속성을 어렵게 한다.

둘째, 공공과 민간 사업자의 역할 분담 문제다. 민간 기업 주도로 시작된 남북관광은 공공 부문에서 해결해줘야 할 교통, 통신 등 관광 인프라까지 민간 기업이 떠안아야 했고, 오히려 공공 부문은 민간 기업이 건설한 시설물에 투자하는 아이러니한 상황이 연출되고 있다. 이처럼 한국관광공사와 현대아산의 사업 영역이 명확히 구분되지 않다 보니 한국관광공사는 1천억 원 가까이 투자하고서도 온정각 면세점을 제외하고는 금강산 관광에 어떠한 관여도 하지 못하고 있다. 또한 현대아산의 위기가 곧 남북관광사업 중단으로 이어질 수 있는 상황에 놓이게 된 것도 결국 이러한 문제점 때문이다.

셋째, 남북관광사업의 불확실한 수익 구조다. 현대아산의 실적이 보여주듯 남북관광을 통해 수익을 내기란 쉽지 않다. 손익분기점을 넘기려면 연간 관광객이 30만 명 정도 돼야 하는데, 금강산 관광 경비를 지원해주지 않고서는 달성하기 힘든 규모다. 실제로 북핵 위기 이후 정부에서 금강산 관광 경비 지원을 중단하자 2006~2007년 동절기에는 겨우 월 1만 명 정도만이 금강산을 다녀왔다. 더욱이 남북관광이 10년이나 지속되다 보니 관광 초기의 관심이 사그라진 것도 관광 수익의 불확실성을 증대하는 요인이 되고 있다.

넷째, 남북관광사업 모객 체계의 문제점이다. 여행업 및 관광사업 역시 유통업과 마찬가지로 관광 상품에 대한 도매상과 소매상이 존재한다. 전국에 대리점 형태로 있는 여행사들을 소매상이라 볼 수 있으며, 모객을 총괄하는 모객 총판, 즉 GSA(General Sales Agents)를 도매상이라 볼 수 있다. 하지만 금강산 관광에는 GSA가 존재하지 않고 현대아산이 직접 각 대리점을 관리하고 있어 전문적인 모객 관리·운영이 어렵다. 또한 그동안 현대아산의 일관적이지 못한 대리점 정책 탓에 각 대리점들이 금강산 관광 상품을 판매하는 데 적극적이지 않다는 점도 문제다. 금강산 관광 상품 판매에 대한 보상이 크지 않다 보니 금강산 관광을 홍보하는 역할을 해야 할 대리점들이 금강산 관광보다 해외여행 등 다른 관광 상품 판매에 더욱 열의를 보이는 것이다.[2]

그동안 남북관광은 크고 작은 사건들이 발생할 때마다 그에 대응하기에 급급했다. 이제부터라도 남북관광 로드맵을 통해 중장기적인 남북관광사업을 준비해야 한다. 물론 남북관광 로드맵을 제시한 보고서가 이전에 없었던 것은 아니다. 한국문화관광연구원과 통일연구원은 각각 2005년과 2006년 연구에서 남북관광에 대한 중장기적인 로드맵을 제시하고, 남북관광을 위한 민간과 공공의 역할 분담 및 실질적인 관광 운영 개선 방안을 제안한 바 있다. 하지만 이 연구들은 북측의 개방과 자본주의 사회로의 편입을 전제한다는 점에서 한계가 있다.

새로운 남북관광 로드맵

향후 남북관광이 추구해야 할 로드맵은 6.15 공동선언과 10.4 선언에서 합의한 바대로 연합제 또는 낮은 수준의 연방제를 기반으로 해야 한다. 이는 한쪽에만 희생과 개방을 요구할 것이 아니라 함께 변화해나가야 한다는 뜻이다. 또한 관광에만 국한되는 것이 아니라 민족 경제 전반에 영향을 줄 수 있는 통일경제를 위한 설정이 이뤄져야 한다. 앞서 살펴본 바와 같이 남북관광사업만으로는 수익을 낼 수 없는 구조적 한계가 있다. 사업의 다각화, 남북이 시너지 효과를 창출할 수 있는 남북 간 산업 연계가 요구된다.

남북 간 산업 연계의 대표적 예가 바로 개성공단이다. 개성공단은 남북 경제를 이끄는 하나의 축이다. 개성공단의 노동자 수는 5만여 명에 이르고 누적 생산액은 10억 달러를 돌파했으니 외관상 개성공단은 성공한 남북경제모델로 보인다. 하지만 개성공단은 남측 기업의 지배구조 및 경영 방식을 그대로 이식한 모델로서, 동남아의 저임금 노동력을 물색하던 기업군이 진출하다 보니 임금이나 노동 조건 문제가 제기될 수밖에 없다.

'새로운사회를여는연구원'은 통일경제에 대한 구상을 내놓으며 다음의 세 가지 모델을 제시했다. 첫째는 남과 북이 각각 주도하는 민간 부분의 교역이며, 둘째는 자본·기술·자원에 대한 남북 합작 기업 형태다. 셋째는 기업이나 산업이 남북 어디에도 특정하게 귀속되지 않고 '통일경제기구' 등에 의해 관리·경영되는 공동 경제 부문이다. 뒤의 모델로 갈수록 한층 남북이 서로를 인정하고 함께 변화를 추구하는 형태이며 궁극적인 통일경제에 가깝다. 현재의 개성공단은 첫째 모델에 해당하지만 향후 남북 간 산업 연계는 둘째와 셋째 모델로 진화해야 할 것이다.

남북관광 역시 제한된 인적 교류로만으로는 한계가 뚜렷하다. 앞으로는 남북 교류의 당위성만 내세워선 안 되며, 일방적인 경제 지원 형태에서 벗어나 쌍방이 모두 시너지 효과를 얻을 수 있는 방향으로 가야 한다. 그리고 지난 10년간 금강산과 개성 지역에서 그랬던 것처럼 북측의 저임금 노동력을 활용하는 형태에만 머물러서는 안 된다. 관광 부문의 연구·개발, 관광 개발의 방향 설정 역시 남측과 북측이 함께 진행해야 할 것이다.[3]

이에 통일경제를 이룩하기 위한 새로운 남북관광 로드맵으로 ① 남북관광 원칙 정립, ② 쌍방의 관광 교류 실현, ③ 정부 역할의 지속적 증대, ④ 클러스터형 관광 교류 전개를 제시하고자 한다.

통일경제 추진을 위한 새로운 남북관광 로드맵
남북관광 원칙 정립
• 남북 지역경제의 통합 및 양방향 교류를 위한 방향 설정
쌍방의 관광 교류 실현
• 북측의 개성, 금강산 지역과 같이 남측의 고성 및 설악산 지역 일부 개방
정부 역할의 지속적 증대
• 인프라 지원, 정치적 문제 해결, 관광운영자로서의 역할의 점진적 증대
클러스터형 관광 교류 전개
• 남북 합작 관광 연구, 관광지 및 관광상품 개발, 마케팅 및 판매 시행
목표: 남북관광 합작 기업/통일경제기구 수립

새로운 남북관광 로드맵.

① 남북관광 원칙 정립

국민의 정부와 참여정부의 남북관광 원칙이었던 정경분리 원칙은 정치적으로 민감한 사안을 방관할 여지가 있어 현재로서는 보다 적극적인 남북관광 원칙이 요구된다. 무엇보다 남북관광의 원칙은 2000년 남북 정상이 합의한 6.15 공동선언 정신에 입각해야 할 것이다. 6.15 공동선언문 2항의 '2체제 통일 방안 협의', 4항의 '남북 간 교류 활성화'는 남북관광과 관련해 중요한 원칙을 제시하고 있다. 이를 바탕으로 통일경제를 지향하는 남북관광 원칙을 정립해야 한다.

물론 이를 위해서는 민간 기업 주도의 현 남북관광사업에서 공공 부문의 역할이 한층 강조돼야 할 것이다.

② 쌍방의 관광 교류 실현

지금까지의 남북관광은 '제한적인' 남북관광이었다. 남측 사람들만 일방적으로 진행하는 관광 형태라는 점과 통제된 지역만 방문하는 관광 형태라는 점에서 제한적이다. 아직 남북 관계가 정상적인 평화 궤도에 오르지 못했기 때문에 북측 지역을 모두 개방하는 것은 섣부른 감이 있으나 남측 사람들만 하는 일방적 형태의 관광은 남북 교류 활성화를 위해 반드시 극복되어야 할 문제다.

지난 2000년 한국관광연구원(현 한국문화관광연구원)은 설악-금강 관광개발계획 연구 용역을 시행한 바 있다. 이 개발계획은 설악-금강 지역을 7개 관광 소권역으로 구분하기만 했을 뿐 사실상 실현 가능한 관광 교류 정책을 제시하지는 못했다.

사실 진정한 설악-금강 연계 관광을 실현하려면 인적 교류의 자유화가 선행돼야 한다. 따라서 남측에서도 북측 사람들이 방문할 수 있도록 고성 지역이나 설악산 일부를 개방해야 한다. 북측에서는 당 고위급 인사 등 제한적인 인원만이 남측에 관광을 올 수 있다 하더라도 이를 핑계로 남측이 관광지를 개방하지 않는다면 진정한 남북 교류 자세라 하기 어렵다. 우리가 그동안 추진해왔던 대북 관광이 북측 주민들에 대한 이질감을 회복하는 데 도움이 되었다면 우리 또한 개방 못할 이유가 없다. 한쪽의 개방만으로는 결코 남북관광의 발전을

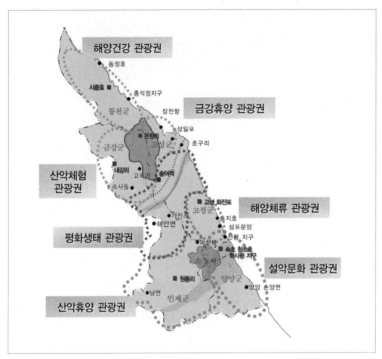

한국관광연구원의 설악–금강 관광개발계획 소권역. |

가져오기 어렵다. 물론 국가보안법 등 법적 문제 해결이 선행돼야 하겠지만, 고성이나 설악산 일부 지역의 민간 부분 통제 절차 등을 거쳐 단계적으로 추진한다면 불가능한 문제만도 아닐 것이다.

문화체육관광부가 수립한 PLZ 광역관광개발계획은 DMZ 지역을 평화와 생명을 상징하는 지역으로 만들려는 계획이다. 그 계획을 실현하기 위해서는 PLZ의 본 개념에 부합하도록 남북이 서로 왕래할 수 있는 시스템을 마련하는 것이 반드시 필요하다.

③ 정부 역할의 지속적 증대

사실 민간 기업인 현대아산이 그동안 정부가 해야 할 역할을 대신 수행한 부분이 적지 않다. 대북 사업을 추진해왔던 기업들이 모두 몰락한 것은 정부의 직무 유기 때문이라 볼 수 있다. 통일연구원은 남북관광사업에 대한 정부의 역할을 강조하며 한국관광공사와 현대아산의 업무 분담 필요성을 역설한 바 있다. 또한 민간 기업과 공기업이 공동 운영하는 공사합동기업 형태로 남북관광을 추진해야 한다고 주장했다. 앞으로 정부는 인프라를 지원하고 정치적 문제를 해결하는 데 더욱 적극적으로 나서야 한다.

정부가 해야 할 가장 큰 역할은 인프라 지원이다. 정동영 전 통일부 장관은 2005년 금강산 관광객의 편의를 위해 금강산 지역에 정부가 공항을 건설할 필요가 있다는 의견을 피력한 바 있다. 실제로 북측 지역에 기초적 인프라가 미비하여 그동안 민간 기업의 출혈이 컸기에 정부의 공항 건설은 환영할 만한 제안이다. 박정희 전 대통령 시절 중동 지역 건설 개발을 위해 정부에서 인프라 조성을 지원했던 점을 상기하면 그리 무리한 일도 아니다. 2005년 10월, 건설교통부는 건설업계의 해외 진출을 돕기 위한 해외인프라펀드를 조성하겠다고 발표했는데, 이러한 시장 개척 지원 자금에 북측 지역을 포함시키는 정책적 모색이 필요하다.

정치적 문제를 해결하는 것도 정부의 몫이다. 그동안 정부가 정경분리 원칙을 내세우며 정치적 문제 해결에 적극적으로 나서지 않았던 게 사실이다. 또한 관광객의 신원조회 등 행정 절차를 간소화하기 위한 정부의 노력도 필요하다. 실제로 신원조회는 사람들이 남북 관광을 꺼리는 가장 큰 이유 중 하나였다. 금강산 관광은 출발일 보름 전에 예약을 마쳐야 한다. 금강산 관광을 가기 전 통일부, 국정원, 경찰청 등에서 신원조회를 거쳐야 하기 때문이다. 여행이라는 것이 매번 미리 계획하는 것이 아니라 때로는 즉흥적으로 결정하기도 하는 것인데, 금강산 관광은 그럴 수 있는 가능성이 원천봉쇄된 것이다.

④ 클러스터형 관광 교류 전개

지금까지의 남북관광은 일방적이고 제한적이었기 때문에 그 파급효과가 크지 않았다. 관광사업이 보다 큰 파급효과를 내기 위해서는 연구·개발·판매 기능이 함께 연동돼야 한다.

예컨대 행정안전부(옛 행정자치부)에서 시도한 '살기 좋은 지역 만들기' 사업 모형에서 시사점을 찾을 수 있을 것이다. 살기 좋은 지역 만들기 사업은 지역의 자생력을 키우기 위해 물적 개선만 시도하는 게 아니라 농민 교육, 농산물 생산 연구 및 가공, 도농교류 등 다양한 형태의 사업을 전개한다. 해당 지역을 가장 잘 아는 지역민이 중심이 되어 연관 사업을 발전시키는 것이 가장 훌륭한 개발 방법이다.

클러스터형 관광 교류는 지역 산업이 자생력을 기를 수 있도록 관광 상품과 관광지 개발, 특산품과 기념품의 생산·가공·유통, 관광 상품 마케팅 등을 남북 공동으로 진행하는 것을 지향한다. 지금까지 남측 중심, 그것도 민간 기업 중심이었던 남북관광사업에서 벗어나 북측의 관광자원을 함께 고민하고 연구해 상품화하는 작업이 진행될

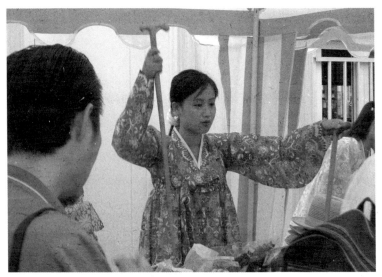

| 개성 관광 기념품 매대의 북측 판매직원 모습.

때 보다 북측의 고유성을 살린 매력 있는 관광지와 관광 상품을 개발
할 수 있을 것이다.

새로운 남북관광을 위하여

짧게나마 금강산 관광 관련 실무를 담당하면서⁴ 느낀 점은 민간 기업
은 당장의 수익에 급급해 남북관광의 큰 틀을 보지 못하며, 이를 뒷
받침해줘야 할 정부나 한국관광공사는 방관하기만 한다는 점이다.
그러다 보니 서해교전이나 북핵 위기 등 사건이 하나하나 터질 때마
다 남북관광이 위협받게 되고, 상황이 이렇게 불안하기만 하니 남북

관광을 멀리 내다보지 못하는 악순환이 되풀이되었다.

문제는 남북 갈등보다 남측 내부의 이른바 '남남 갈등'이다. 서해 교전이나 북핵 위기 등 문제가 터질 때마다 남남 갈등이 일어난다면 어떠한 로드맵이 제시되더라도 불안해서 정상적인 남북 교류를 추진할 수 없을 것이다. 따라서 정부와 한국관광공사는 남북관광 추진 과정에서 남남 갈등을 극복하기 위해 노력해야 한다. 남북관광사업에서 매력적인 관광 상품을 개발해 판매하는 것도 중요하지만, 가장 중요한 것은 남북관광사업이 남북 화해와 협력의 전제이지 그 결과물일 수 없다는 국민적 합의일 것이다.

1   문화회관과 온천장은 시설 인수의 개념이었고 온정각은 지분 투자(46.2퍼센트) 개념이었다(2005년 기준). 2007년부터는 한국관광공사가 직접 온정각에 면세점을 개설해 운영하기도 했다.

2   현재 대리점이 금강산 관광 상품 판매의 대가로 현대아산에서 받는 수수료는 매출액의 10퍼센트 수준으로 타 여행 상품과 비슷한 수준이나 상품 단가가 낮다는 점, 수수료 이외의 부가 혜택이 없다는 점, 모객 후 통일부·국정원 신원조회 등의 업무를 도와야 한다는 점 등이 금강산 관광 상품 판매를 기피하는 요인으로 작용하고 있다.

3   개성에 진출한 SJ테크는 저임금 노동력에 기초한 임가공 형태에서 벗어나 개성공단을 연구·개발과 생산 현장을 결합한 형태로 육성하기로 하고 김일성종합대학과 김책공업종합대학 출신의 고급 인력을 채용하기로 했다. 관광 부문 기업은 아니지만 이를 벤치마킹 사례로 삼을 수 있을 것이다.

4   필자는 2001~2002년 대북 사업자 중 하나인 현대백화점 금강산 관광사업부 기획·마케팅팀에서 근무하면서 금강산 관광 대리점 관리, 면세점 개설, 이산가족 상봉 행사 등에 참여했다.